Maison & Travaux

Économies & Écologie

Catherine Levard

SOMMAIRE

CHAUFFAGE AU BOIS
Équipement

Le bois est une énergie propre et efficace. Il s'utilise de diverses manières, soit pour un chauffage d'appoint, soit pour un chauffage principal.

L'installation d'un chauffage au bois donne droit à des aides financières non négligeables, sous forme de crédit d'impôt à raison de 25 %* sur le montant TTC de l'appareil (sous conditions de performances des appareils) et par subventions de l'ANAH, sous conditions de ressources. Le taux du crédit d'impôt est de 40 %* pour un appareil de remplacement. L'installation entre également dans l'attribution de l'éco-prêt à taux zéro. Dans tous les cas, l'installation du chauffage est destinée à la résidence principale, la facture d'achat et d'installation de l'appareil doit être présentée pour faire valoir ses droits. La TVA à taux réduit (5,5 %) s'applique à la fourniture et à l'installation d'un poêle ou d'une chaudière si l'habitation est achevée depuis plus de deux ans.
La performance des appareils tient compte d'une part de leur rendement et d'autre part de leur taux d'émission de CO.
(*Conditions financières jusqu'en 2012)

Équipements	Rendement	Taux d'émission de CO
Appareils à bûches	Égal ou supérieur à 70 %	Inférieur ou égal à 0,3 %
Poêles à granulés	Égal ou supérieur à 85 %	Inférieur ou égal à 0,3 %
Poêles à accumulation	Égal ou supérieur à 75 %	Inférieur ou égal à 0,3 %

LES POÊLES TRADITIONNELS

En maison individuelle, qu'elle soit récente ou ancienne, le poêle à bois est un chauffage d'appoint performant et décoratif. Son rendement moyen de l'ordre de 70 à 85 % lui vaut une place de premier choix en complément d'un chauffage central ou électrique permettant de faire de sérieuses économies. Facile à installer et d'un encombrement réduit, il se raccorde soit sur le dessus, soit par l'arrière à un conduit de fumée. En intersaison, il suffit à maintenir la maison au chaud surtout si elle est correctement isolée.

- Les poêles à bûches maintiennent un lit de braises sans être rechargés pendant une durée variable entre cinq et douze heures selon les modèles et la capacité de bois qu'ils peuvent engouffrer. Un poêle se choisit en fonction du volume à chauffer. La préférence sera donnée aux appareils à double ou postcombustion qui permettent de brûler les imbrûlés dans le foyer par une amenée d'oxygène supplémentaire. Il en résulte une combustion plus efficace et plus propre. Cet apport d'air secondaire limite les dépôts de suie sur la vitre.

1

2

3

1 D'une puissance de 7 kW pour un rendement de 82 %, ce poêle (« Como » de Hase) s'habille de pierre ollaire pour augmenter son inertie.

2 En acier et fonte, il accepte des bûches de 33 cm (Godin). D'une puissance de 6,5 kW, il chauffe un espace de 90 à 240 m².

3 Un haut rendement (81,5 %) pour ce poêle-cheminée à hublot de 14,5 kW (« Nemofocus » de Focus).

- Les poêles-cheminées. Sous cette appellation, se regroupent les modèles de poêles ayant l'apparence d'une cheminée. Simples à installer, ils allient la performance d'un poêle à l'esthétique d'une cheminée en offrant une large vision du feu, et en disposant d'un grand foyer pour des bûches de 60 à 71 cm (Invicta). Ils se différencient également des poêles traditionnels par les dimensions optimisées de leur chambre de combustion permettant d'obtenir des puissances supérieures pour chauffer des volumes plus importants.
Adossé au mur ou placé en position centrale, un poêle-cheminée s'installe n'importe où, le conduit d'évacuation des fumées peut s'habiller d'un cache-tuyau adapté à la hauteur sous plafond.

DÉFINIR LA PUISSANCE

L'offre des poêles à bûches et à granulés s'étale de 5 kW à 15 kW. Il est recommandé de choisir une puissance sur la base de 1 kW pour 10 m^2 de surface chauffée (hauteur sous plafond standard). Toutefois, selon l'orientation de la maison et la qualité de l'isolation, cette donnée peut varier du simple au double. C'est pourquoi une étude thermique est conseillée pour choisir un appareil sans se tromper, sachant que, s'il est sous-dimensionné, il risque la surchauffe, et que s'il est surdimensionné, il risque de s'encrasser rapidement en fonctionnant au ralenti.

UN CONDUIT AUX NORMES

Les poêles se raccordent à un conduit selon les normes en vigueur pour assurer un tirage convenable, sans risquer le goudronnage ou l'incendie. Le raccordement à un conduit existant maçonné est possible si l'absence de fissure et de porosité a été contrôlée par un professionnel. En cas de défaillance, le conduit doit être doublé d'un tube Inox. En toiture, la souche dépasse le faîtage d'au moins 40 cm de hauteur : plus elle est haute, plus elle favorise une montée en température homogène des fumées sur tout le parcours et favorise le tirage.
Le ramonage est obligatoire deux fois par an, les assurances en exigent les justificatifs en cas de problème.

4

5

6

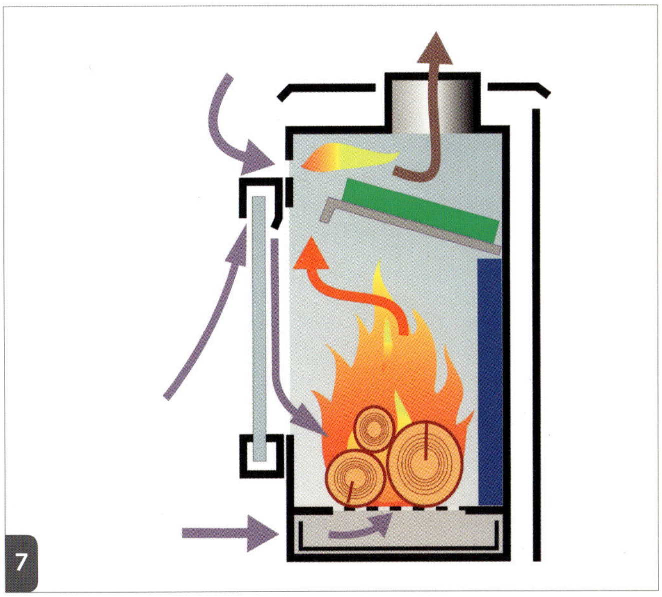
7

4 Revêtu de faïence épaisse pour accumuler la chaleur, il dispose d'un foyer en fonte d'une puissance de 12 à 17 kW. Son rendement est supérieur à 75 % (Atelier Céramique Régnier).

5 Doté d'un corps de chauffe en fonte et d'un doublage intérieur réfractaire, ce poêle-cheminée « Brilliant » (Dovre) offre une puissance entre 8 et 10 kW et un rendement de 70,8 %. Il accepte des bûches de 40 cm.

6 Avec un rendement de 82 %, il permet de chauffer un volume de 320 m^3 et accepte des bûches de 50 cm (Seguin). Il est doté d'une chambre de combustion double paroi en vermiculite et de deux arrivées d'air primaire réglables.

7 La double combustion améliore le rendement d'un poêle, réduit la consommation de bois et les rejets polluants. De plus, elle maintient une vitre plus propre.

CHAUFFAGE AU BOIS
Les poêles à accumulation

Ils possèdent une autonomie plus élevée, de vingt-quatre heures en moyenne. Plus imposants que les poêles traditionnels, ils sont habillés d'un matériau qui emmagasine la chaleur pour la restituer progressivement, feu éteint. Les bûches y brûlent vite, un foyer ardent d'une heure suffit à émettre de la chaleur pendant une demi-journée. Pour cette raison, on les appelle également poêles à inertie ou de masse, comme ils ne fonctionnent jamais au ralenti, ils ne s'encrassent pas. Ces poêles sont considérés comme de véritables appareils de chauffage et non comme des appoints.

- **Les appareils de type nordique** à double ou triple parois sont revêtus de céramique ou de stéatite (pierre volcanique dite « pierre ollaire »). Leur rendement élevé s'accompagne d'une forte inertie thermique avec une autonomie de six à douze heures. Ils conviennent mieux en habitation principale que dans une résidence secondaire qui doit se réchauffer rapidement. Ces poêles permettent de chauffer 130 m^2 sans fonctionner au ralenti.

- **Les modèles 100 % en stéatite** demeurent les plus efficaces. Ils ne rayonnent pas toute la chaleur lorsqu'ils brûlent, mais en accumulent une partie dans la masse de stéatite. De ce fait, avec une même quantité de bois consommée, ils mettent plus de temps à monter en température et restituent ensuite lentement la chaleur accumulée pendant plusieurs heures après l'extinction du foyer. Véritable appareil de chauffage, un poêle de ce type doit être judicieusement placé dans la maison, en position à peu près centrale et près d'une cage d'escalier pour que la chaleur puisse se diffuser à l'étage. Dans une maison bien isolée, il supprime tout autre investissement (plancher chauffant ou convecteurs).

LA GESTION DE L'AIR

Un poêle ne peut fonctionner qu'avec un apport d'air. Si l'on est équipé d'une VMC double flux qui homogénéise la température entre les pièces, le poêle peut suffire à chauffer une maison bien isolée.
Dans une maison étanche, le poêle doit être relié à une arrivée d'air extérieure pour assurer la combustion. Celle-ci peut provenir d'un orifice en façade ou du sous-sol sans créer un mouvement d'air inapproprié dans la maison et offrir un rendement amélioré ainsi qu'une combustion propre.

1

2

3

1 Peu encombrant, ce modèle a trois faces en pierre ollaire et une face en acier. Il libère en continu durant quinze heures une chaleur rayonnante. Il dispose d'un levier de régulation du tirage et d'un système de contrôle de l'appoint d'air de combustion. Rendement 83,9 %, émission de CO 0,12 % (Ruegg).

2 Habillé de céramique émaillée, le poêle est muni d'arrivées d'air primaire et secondaire réglables, il chauffe par rayonnement et convection. Puissance 11,7 kW, rendement 80 % (Seguin).

3 D'un rendement supérieur à 80 %, il rejette moins de 0,1 % de CO. La chaleur rayonnante est diffusée de manière homogène par ses parois revêtues de pierre ollaire (Tulikivi).

CHAUFFAGE AU BOIS
Les poêles à granulés

Place à l'automatisation ! D'un rendement atteignant jusqu'à 90 %, cette génération de poêles offre jusqu'à une semaine d'autonomie (selon la capacité du réservoir de stockage de 15 à 30 kg). Une solution idéale pour maintenir le logement au chaud quand on s'absente de chez soi du matin au soir, à coupler avec un autre système de chauffage si la maison est moyennement isolée.
Ces poêles disposent d'un foyer en fonte ou en briques réfractaires et s'habillent d'acier ou de faïence. Ils diffusent la chaleur par convection grâce à un système de ventilation forcée (un raccordement électrique est nécessaire) et par rayonnement. La combustion est régulée et optimisée par un thermostat, une sonde de température et souvent un microprocesseur. Une fois le réservoir à granulés rempli, on ne s'occupe plus du reste.

- **Une technologie récente** mise au point par MCZ, appelée « Active System » permet au poêle de mesurer par lui-même la quantité d'air dont il a besoin pour optimiser la combustion et atteindre le meilleur rendement.
D'autres modèles canalisent l'air chaud dans différentes pièces ou, grâce à un échangeur à eau chaude, alimentent des radiateurs et parfois un ballon d'eau chaude sanitaire. Tous ces poêles sont chargés en combustible en continu par une vis sans fin à partir du réservoir généralement placé en partie haute de l'appareil.

- **Deux inconvénients :** le bruit qui provient de la vis d'alimentation et des ventilateurs d'extraction des fumées et de convection, et le coût élevé des appareils et de leur installation.

Un combustible normalisé

Les granulés (ou pellets) sont constitués de sciures compactées sans adjuvant. Ces combustibles sont très secs, et leur haut pouvoir calorifique permet aux appareils de fonctionner au ralenti dans les meilleures conditions. Une norme européenne est en cours d'élaboration pour garantir leurs caractéristiques, sous l'égide de l'institut des bioénergies (Itebe). Cette marque bientôt disponible sur le site www.itebe.org permettra d'identifier les produits (calibre, résidus, humidité...). Il existe actuellement une norme NF pour les granulés et un label « Flamme Verte » soutenu par le SER (syndicat des énergies renouvelables) et l'Ademe pour les appareils de chauffage à granulés.

1 Ce combustible bois granulé a un taux d'humidité inférieur à 10% et un pouvoir calorifique inférieur brut de 5 kWH/kg (« Woodstock » de Euro Energies).

2 Équipé d'un réservoir de 32 kg, ce poêle peut atteindre quatre jours d'autonomie et un rendement supérieur à 94 % avec une émission de CO de 0,007 %. L'alimentation en pellets est automatique et l'allure de chauffe programmable (Ruegg). On peut le mettre en route à distance par SMS.

3 Fonctionnant comme une véritable chaudière, ce poêle à pellets est réglable sur 5 niveaux de puissance de chauffe. Son rendement est supérieur à 85 %, puissance maximale 12 kW. Réservoir de 35 kg (Seguin).

CHAUDIÈRES À BOIS
Équipement

Écologiques et rentables, les chaudières à bois fonctionnent soit avec des granulés, soit avec des bûches. Elles assurent la totalité des besoins de chauffage de toute la maison et peuvent, en plus, produire l'eau chaude sanitaire.

Elles permettent d'utiliser le réseau de chauffage en place et les radiateurs existants. Les appareils à granulés ou à pellets coûtent plus cher que ceux à bûches. Une installation en bonne et due forme est garantie par les professionnels labellisés « Qualibois » et mérite d'être couplée à un ballon d'accumulation.

- Les chaudières à chargement manuel et à tirage naturel fonctionnent avec des bûches et doivent être rechargées une à plusieurs fois par jour. On doit distinguer celles à combustion montante (basiques), celles à combustion horizontale offrant un meilleur rendement et celles à combustion inversée, de loin les plus performantes. Un équipement labellisé « Flamme Verte » est garant des performances et respectueux des critères permettant d'obtenir un crédit d'impôt.
Les chaudières à tirage forcé (ou turbo) brûlent également des bûches et fonctionnent sur le même principe que celles à combustion inversée. Toutefois, contrairement à celles-ci, elles sont équipées d'une turbine qui introduit l'air de combustion, ou d'un extracteur qui aspire les fumées pour optimiser la combustion et améliorer le rendement (de 70 à 85 %).

- Les chaudières à chargement automatique demeurent les plus performantes et dispensent de la corvée d'approvisionnement. Leur rendement supérieur à 80 %, pouvant atteindre 90 %, est comparable à celui d'une chaudière au fioul. Elles s'alimentent avec des granulés ou des plaquettes et peuvent desservir des radiateurs. Les modèles à condensation récupèrent l'énergie des fumées de combustion pour améliorer le rendement ce qui leur permet d'alimenter un plancher chauffant basse température. D'une puissance moyenne de 10 à 15 kW, ce type de chaudière existe également en faible puissance (2 à 8 kW) pour les maisons à basse consommation ayant des besoins réduits en énergie.

LE STOCKAGE DU COMBUSTIBLE

Les granulés ou plaquettes sont stockés dans un silo enterré de 10 à 15 m^3, ou placé dans un local pour offrir une autonomie d'environ un an. La chaudière est alimentée depuis le silo placé à proximité par une vis sans fin, ou, autre solution, par aspiration ce qui permet d'installer le silo jusqu'à vingt mètres du bâtiment. Le décendrage est automatique.

1 Pour chauffer une maison, la chaudière à bûches de 50 cm de longueur a une autonomie variable selon la puissance de fonctionnement : 2 à 13 heures pour le modèle de 5,4 à 22 kW, de 1 h 30 mn à 10 heures pour le modèle de 10 à 32 kW (Atlantic).

2 D'un rendement élevé (93 %), elle est alimentée en granulés par une vis sans fin ou par aspiration et fonctionne automatiquement. Gamme de 8 à 56 kW (Ökofen).

3 Pouvant être associée à un ballon pour fournir l'eau chaude sanitaire, elle est à haut rendement (92 %) et s'alimente en granulés de bois. Le compartiment de stockage accolé contient jusqu'à 150 kg de granulés et alimente la chaudière par une vis sans fin (Zaegel-Held).

Voici les conditions pour bénéficier du crédit d'impôt de 25 % sur le montant TTC de l'appareil. S'y ajoutent des aides financières : sous conditions de ressources (www.anah.fr), TVA à 5,5 % sur l'achat et l'installation.

Chaudières de moins de 50 kW	Chaudières manuelles	Chaudières automatiques
Rendement	Égal ou supérieur à 80%	Égal ou supérieur à 85%
Émissions de CO	Inférieur ou égal à 5 000 mg/m³	Inférieur ou égal à 3 000 mg/m³
Émissions de COV	Inférieur ou égal à 150 mg/m³	Inférieur ou égal à 100 mg/m³
Émissions de poussières	Inférieur ou égal à 150 mg/m³	Inférieur ou égal à 150 mg/m³

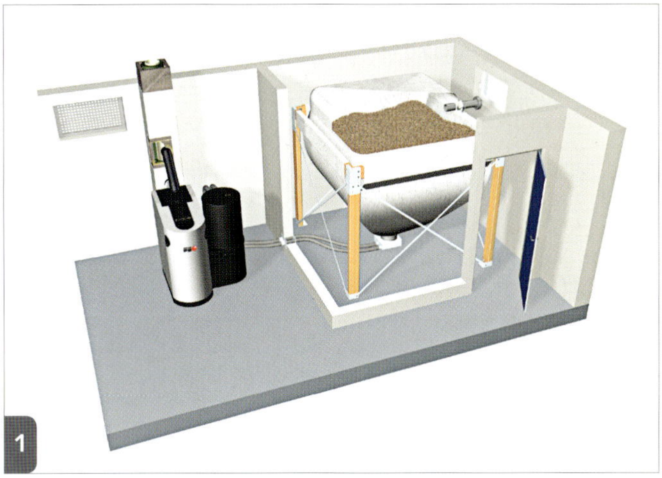
1

LE BOIS SOUS TROIS ASPECTS

Les trois formes sous lesquelles se présente le combustible conditionnent le choix de la chaudière.

- **Les bûches.** Les bois sont classés en trois groupes d'essences en fonction de la quantité de chaleur fournie par unité de volume. Le prix est donc variable. La certification « NF Bois de chauffage » garantit la qualité du bois, à l'achat, il convient de vérifier la classe d'humidité : H1 = un taux d'humidité inférieur ou égal à 20 %, (utilisable en l'état), H2= un taux d'humidité supérieur à 20 % (bois à stocker pour une utilisation ultérieure). Une liste de fournisseurs est présentée sur le site www.nfboisdechauffage.org.

- **Les plaquettes** sont constituées de bois déchiqueté et obtenues par broyage de branches ou d'arbres. Leur pouvoir calorifique est supérieur à celui des bûches (2500 à 3900 kWh/tonne).

- **Les pellets (ou granulés).** On compte en moyenne 2 tonnes par an pour alimenter un poêle. Les granulés répondant aux normes autrichiennes 0-Norm M7 135 ou allemandes DIN+ garantissent le pouvoir calorifique, le taux d'humidité, et de ce fait, un haut niveau de performance.

LES CHAUDIÈRES MIXTES

Sachant qu'une chaudière à granulés est alimentée par une vis sans fin nécessitant un raccordement au réseau électrique, toute panne de secteur équivaut à un arrêt du chauffage (voire de l'eau chaude)...
Une chaudière mixte bûches/granulés ou bûches/plaquettes évite les désagréments d'une panne de secteur. Elle dispose d'un double foyer permettant de changer de combustible sans arrêter le chauffage.

Une énergie propre et renouvelable.
Le CO_2 libéré pendant la combustion du bois est le même que celui qui est rejeté dans l'atmosphère lors de sa dégradation naturelle. L'impact sur la combustion du bois dans l'atmosphère est donc neutre.

2

3

1 La chaudière est alimentée par des granulés stockés dans un silo textile intégré dans un local. Du transport du combustible dans l'appareil au décendrage, tout fonctionne automatiquement.

2 Pour le chauffage et la production d'eau chaude, la combinaison d'une chaudière bois et d'une chaudière à condensation (gaz ou fioul) en appoint est une solution économique.

2 Prévue pour fonctionner soit avec des bûches, soit avec des granulés, cette chaudière dispose de deux foyers indépendants.

INSTALLATION D'UN POÊLE À BOIS

Mise en œuvre

S'il est situé au cœur d'une grande pièce, un poêle à bois constitue un chauffage de premier choix à condition que la maison soit isolée convenablement.

Depuis la plaque de protection du sol jusqu'à la sortie de toit, tout doit être mis en œuvre pour garantir la sécurité et le confort.

CHOISIR UN TUYAU

En fonction du type d'installation et selon qu'il est éloigné ou contre un mur, on choisit un tuyau adapté au contexte. Si le poêle est à distance de toute paroi, un tuyau simple peau (non isolé) de 150 mm de diamètre convient jusque sous le plancher d'étage. Il se raccorde ensuite à un tuyau double peau en Inox (isolé) de 150 mm de diamètre intérieur et 214 mm de diamètre extérieur. À l'étage, ce changement se justifie si la distance est réduite entre le conduit et le mur.

TRAVERSER LE PLANCHER

La traversée du plancher impose un « écart au feu » de 16 cm autour du tuyau non isolé. Lorsque cette norme ne peut être respectée (le cas se présente ici par la présence d'un IPN), un coffrage doit être réalisé en matériau M0 (matériau incombustible). Ce coffrage englobe la réduction conique (à la jonction des deux tuyaux de diamètres différents), et le collier de serrage. Il se prolonge jusqu'au niveau du sol d'étage. Pour le réaliser, les plaques de plâtre BA15 « Prégyfeu M0 » (Lafarge Platres) ont été mises en œuvre car n'étant pas cartonnées, elles conviennent à ce type d'ouvrage. Les côtés du coffrage sont vissés dans l'épaisseur du plancher, le dessous est solidarisé aux côtés par des polochons de filasse et de plâtre.

Chaleur douce, économie d'énergie, confort et sécurité résultent de l'utilisation d'un poêle à bois (Rais) installé dans les règles de l'art.

1

La plaque de protection est vissée dans le sol sachant qu'elle accepte un dépassement de 30 cm seulement devant le poêle équipé de portes coulissantes.

2

Le poêle posé sur la plaque est ajusté pour que la sortie soit parfaitement à l'aplomb de l'emplacement défini de la traversée du plafond.

3

Une buse de raccordement est livrée avec le poêle pour relier celui-ci au conduit. Elle se visse sur l'appareil de chauffage.

4 Le tuyau simple peau de même finition est calé d'aplomb pour repérer avec précision l'emplacement de la découpe au plafond.

5 On découpe d'abord un cercle au diamètre du tuyau (16 cm) puis on agrandit la découpe en carré à 15 cm de distance du bord, sachant que l'écart au feu en exige 16.

6 Pour compenser la distance non réglementaire (irréalisable en présence des IPN), un coffrage en matériau MO est réalisé à partir des IPN jusqu'au sol d'étage.

7 Le dessous du coffrage est traversé par le tuyau sur lequel on raccorde la pièce de réduction serrée par un collier. On solidarise les côtés par des polochons en filasse et plâtre.

8 Sous le fond du coffrage, la collerette assortie au tuyau est fixée pour cacher le bord de la découpe circulaire. Elle laisse l'air circuler.

9 La pièce de réduction conique est calée à l'intérieur du coffrage et raccordée sous le niveau du plancher.

10 En intervenant par l'étage supérieur, on double les parois latérales du coffrage avec les plaques « BA 15 Prégyfeu MO », vissées dans le plancher.

11 Un module double peau est engagé dans la pièce de réduction et calée avec une plaque support de plancher qui s'enfile dessus.

12 Destinée à maintenir le tuyau parfaitement d'aplomb, la plaque se visse au sol.

LES RÈGLES D'INSTALLATION

Pour éviter les coulées de bistre, la partie mâle d'un tuyau s'emboîte dans la partie femelle impérativement dirigée vers le haut. La pièce de réduction vient donc s'emboîter dans le tuyau double peau puis l'ensemble est calé d'aplomb par une « plaque-support de plancher » (Poujolat) vissée au sol. D'autres éléments s'emboîtent à la suite jusqu'en sous-face du toit, les raccords sont maintenus par un collier de serrage à goupille.

Les conduits double peau existent en modules de longueurs différentes et n'acceptent pas les coupes. On peut leur adjoindre des éléments réglables offrant un jeu possible de 25 à 35 cm et de 35 à 45 cm pour atteindre la hauteur voulue. Dans tous les cas, le conduit ne doit pas comporter plus de deux dévoiements (c'est-à-dire une seule partie non verticale sur 5 mètres de hauteur maximum), l'angle de dévoiement ne devant pas dépasser 45° avec la verticale.

UNE TRAJECTOIRE PRÉCISE

Un repère matérialise l'axe central du tuyau sachant par une étude préalable qu'il se situe entre deux chevrons. Le matériau se découpe avec un outil adapté (une scie sauteuse pour le plafond lambrissé) sur une surface équivalente à « la plaque de distance de sécurité » (Poujoulat) qui centre le tuyau isolé à 8 cm des bords de la découpe.

L'isolant, le support de couverture (« Triply » de Isoroy) et le zinc de la toiture sont à leur tour découpés aux mêmes cotes. La « plaque de distance de sécurité » se visse en sous-face du plafond après avoir raccordé le tuyau de sortie.

LA SORTIE EN TOITURE

Avec un tuyau de sortie de 214 mm de diamètre extérieur, le zinc de la couverture se découpe sur une surface de 38 cm de côté pour respecter la distance au feu (80 + 214 + 80 mm).

Autour du tuyau, on enfile un solin tout plomb muni d'une collerette en inox dont le diamètre intérieur correspond à une inclinaison de toiture de 30 à 45°. Le plomb se découpe à la cisaille pour venir s'intégrer sous la faîtière en zinc et se rabat avec un maillet. Après l'application d'un primaire d'adhérence (« Primer-Bitum »), le solin est fixé avec des bandes d'étanchéité « Paxalu » (Axter) en 60 mm de large. Elles présentent une face bitumeuse revêtue d'un métal de teinte alu.

Un produit d'étanchéité élastique renforcé de fibres synthétiques (« Aquaplan ») et de couleur grise est enfin étalé sur les bandes pour masquer la brillance du métal.

13

La partie mâle des modules s'emboîte dans la partie femelle toujours orientée vers le haut. Chaque raccord est tenu par un collier de serrage à goupille, sans support mural intermédiaire. L'axe de sortie est alors tracé au plafond.

14

La découpe en plafond tient compte de la distance de sécurité requise pour un tuyau double peau, soit 8 cm au-delà de son diamètre extérieur.

15

Le raccord de sortie de toit et le dernier module sont associés aux coudes avant de réunir cet ensemble au module vertical et de visser la plaque.

16

Sur le toit, on découpe le zinc avec une meuleuse sur une surface carrée de 38 cm de côté, puis le support en « Triply » aux mêmes dimensions.

17

Le tuyau de sortie de toit étant emboîté dans le raccord et fixé par un collier, on enfile la collerette montée sur le solin. Son diamètre est de 220 mm pour une pente de toit de 30 à 45 °.

18

Le plomb coupé à la cisaille vient s'intégrer sous la faîtière et se rabat au maillet.

19

Solin en plomb et zinc doivent être solidarisés par des bandes de « Paxalu » qui nécessitent d'appliquer un primaire.

20

La surface goudronnée du « Paxalu » est chauffée au chalumeau et rabattue au fur et à mesure sur le primaire.

21

Pour atténuer la brillance de l'aluminium, on l'enduit d'un produit étanche et élastique de teinte grise.

FOYERS FERMÉS ET INSERTS
Équipement

À l'heure des économies d'énergie, il est judicieux de modifier une cheminée existante en lui intégrant un insert, ou d'en construire une autour d'un foyer fermé.

Ces appareils, regroupés sous des normes communes (NF EN 13229), méritent d'être différenciés, ne serait-ce que par leur mode d'installation. Ceux labellisés « Flamme Verte » permettent de bénéficier du crédit d'impôt (25 % de la valeur d'achat de l'équipement) car ils répondent aux exigences de performances imposées, soit un rendement égal ou supérieur à 70 %, avec un dégagement de CO inférieur ou égal à 0,3 %. La liste est consultable sur le site www.flammeverte.org.

- **Les foyers fermés** représentent actuellement 90 % du marché de la cheminée. Ce succès est justifié par des évolutions technologiques qui améliorent leur efficacité avec une combustion intégrale du bois et l'optimisation des échanges thermiques dans leur environnement.
Leur rendement énergétique de l'ordre de 70 à 80 % en font de véritables appareils de chauffage d'une autonomie de dix heures, voire plus pour les plus performants. Généralement en fonte, dotés d'une porte escamotable ou à ouverture latérale, ils offrent une belle vision du feu et s'associent à un récupérateur de chaleur.

- **Les inserts** s'inscrivent dans une cheminée existante contrairement aux foyers fermés. Des évolutions récentes rendent ces appareils nettement plus esthétiques qu'ils ne l'étaient jusqu'alors, notamment en ce qui concerne la surface agrandie de la vitre et la réduction du cadre métallique. Les systèmes qui optimisent la circulation de l'air ralentissent le noircissement de la vitre pour en espacer le nettoyage et offrir une vue dégagée sur les flammes.
Une arrivée d'air placée sous le corps de chauffe permet à l'air de la pièce de circuler entre la paroi métallique du foyer de la maçonnerie. Réchauffé au contact du foyer, cet air ressort en partie haute de la hotte par des bouches ou par des gaines qui le dirigent vers d'autres pièces.

1

2

3

1 Le foyer s'inscrit ici dans une contre-cloison en plaques de plâtre sur ossature métallique. De part et d'autre de ce foyer, des panneaux en laine de roche « Firerock » (Rockwool) offrent une isolation sécuritaire, qui sera complétée en façade par des plaques de protection au feu « Placoflam » (Placoplatre).

2 Le foyer est équipé d'un tube inox double peau qui traverse le plancher et se prolonge par un conduit en boisseaux adossé au pignon qui est dévoyé pour traverser le toit à distance de la panne faîtière.

3 La chaleur émise par le foyer fermé (Stuv) est renvoyée dans la pièce par une grille encastrée dans la contre-cloison.

UNE INSTALLATION RIGOUREUSE

Il convient de respecter les règles de sécurité imposées par les DTU 24-2-2, en éliminant notamment tous les matériaux combustibles ou dégradables, en fermant l'avaloir existant par une maçonnerie qui évite l'accumulation de suie, et en isolant les parois qui reçoivent l'appareil. La température des fumées étant très élevée, le conduit doit être tubé dès l'instant qu'il présente la moindre faille. Enfin, le ramonage s'impose deux fois par an par un professionnel qui doit présenter une facture servant de justificatif auprès de la compagnie d'assurance si un problème survient.

Les aides financières

Le crédit d'impôt s'applique au prix des équipements et des matériaux figurant sur la facture de l'entreprise ayant réalisé les travaux. Le calcul se fait sur le coût des équipements, déduction faite des aides annexes éventuellement perçues (par le conseil général, le conseil régional, l'ANAH…). Le montant des dépenses pris en compte ne peut dépasser 8000 € pour un célibataire, 16 000 € pour un couple soumis à imposition commune, avec une majoration de 400 € (1 enfant), 500 € (2 enfants), 600 € par enfant à partir du 3e enfant.

L'ADEME développe un réseau Info Énergie dont les adresses sont disponibles sur le site www.ademe.fr ou en contactant le 0810 060 050. On y trouve tous les conseils relatifs au chauffage au bois (entre autres énergies renouvelables), les aides accordées, des guides pratiques et des brochures informatives.

4

4 Ce foyer fermé en fonte s'inscrit au cœur d'un entourage en pierre du Luberon à linteaux cintrés (« Duplex Cordes » de Brisach).

5

5 Le foyer fermé disparaît complètement dans l'habillage de la cheminée pour ne laisser la place qu'au spectacle des flammes. Largeur de la vitre 96 cm, ouverture latérale ou escamotable, rendement supérieur à 60 % (« Filanne » de Richard Le Droff).

6

6 Cette cheminée semi-encastrée en pierre s'équipe d'un foyer prismatique de grange largeur (97 cm). La vitre s'ouvre latéralement ou s'escamote. Selon les modèles, rendements de 70,5 % ou 73 % (« Olympia » de Richard Le Droff).

VENTILATION DES PIÈCES
Équipement

Dans une maison parfaitement isolée et chauffée, l'absence de courants d'air doit être compensée par la ventilation des pièces.

Le renouvellement d'air évite les phénomènes de condensation qui dégradent la décoration intérieure. Il assure par ailleurs un confort de vie nettement ressenti et l'hygiène n'en est que meilleure. On considère que le taux de renouvellement d'air intérieur doit être d'environ un tiers du volume d'air par heure. Autant dire qu'ouvrir les fenêtres de temps à autre pour « aérer » n'est d'aucune efficacité pour assurer ce renouvellement, mais très performant pour refroidir la maison.
La ventilation mécanique contrôlée (VMC) s'impose comme une solution performante à condition de disposer de combles perdus pour loger le système (gaines et ventilateur).

LA VMC « SIMPLE FLUX »

L'air extérieur pénètre dans la maison par des entrées d'air situées dans les pièces principales, il traverse la maison, en passant sous les portes et est rejeté à l'extérieur à partir des autres pièces (cuisine, salle de bain…). Cet air pollué transite des bouches d'extraction vers un caisson de ventilation généralement situé dans les combles, avant de gagner l'extérieur par un conduit.

- **Les systèmes hygroréglables** maintiennent un débit d'air minimum, sachant que celui-ci s'autorégule en fonction du taux d'humidité de chaque pièce. Les bouches d'entrée d'air et d'extraction comportent une tresse qui réagit à l'humidité : plus l'hygrométrie est élevée, plus la bouche s'ouvre laissant passer une plus grande quantité d'air. Quand le taux d'humidité redevient normal, la tresse reprend sa taille normale, ce qui limite le débit. Ce système permet d'économiser l'énergie en adaptant la ventilation au plus précis.

- **Le refroidissement en été** est possible si on associe à la VMC simple flux une vanne de compensation permettant d'injecter l'air extérieur dans les chambres. Elle commande l'ouverture automatique de l'entrée d'air avec la dépression créée en continu par le système d'extraction.

LA VMC « DOUBLE FLUX »

Le principe consiste à préchauffer l'air neuf en récupérant une partie de la chaleur de l'air extrait.

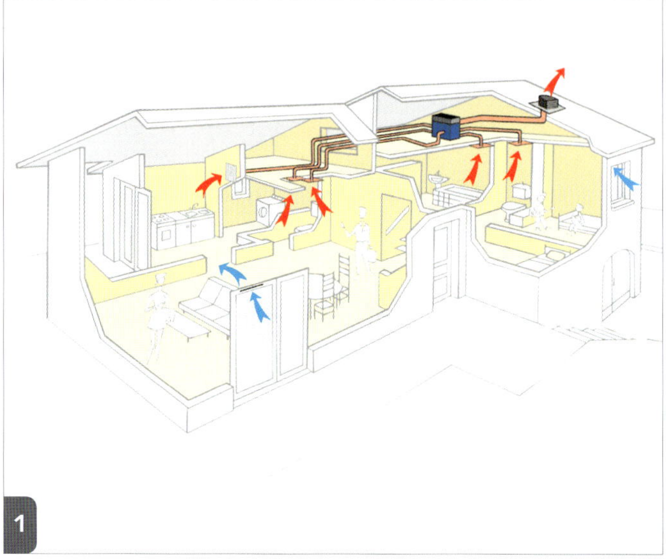

1

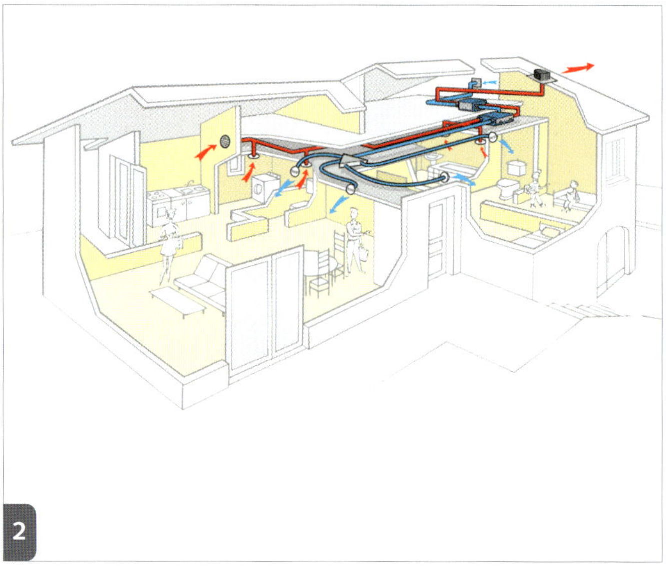

2

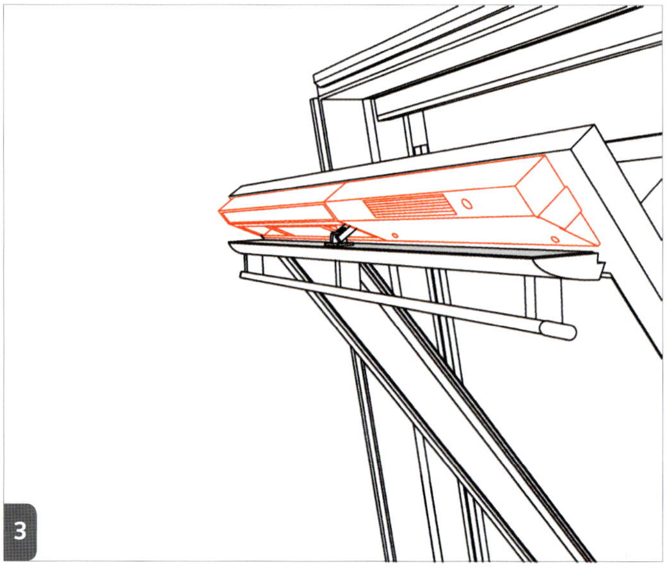

3

1 Avec une ventilation simple flux, les entrées d'air interviennent par barrettes intégrées au dormant des fenêtres, l'air vicié est extrait à partir des pièces dites « humides ».

2 La VMC double flux nécessite un double réseau de gaines pour diriger l'air vicié et l'air neuf dans un échangeur. L'apport d'air s'effectue par une bouche unique.

3 Spécialement conçue pour les fenêtres de toit Velux, l'entrée d'air hygroréglable « ZOH » s'intègre derrière la barre de manœuvre. Polyvalente, elle s'adapte sur tous les modèles et se dissimule sous le clapet de ventilation (Système « Hygro Bahia » de Aldès).

- Le double flux statique ne consomme pas d'énergie. L'air neuf, arrivant par une entrée unique, passe dans un échangeur où il récupère jusqu'à 75 % des calories de l'air extrait. Une fois réchauffé, cet apport d'air est dirigé vers les pièces par un réseau de gaines jusqu'aux bouches d'insufflation.
Le double flux statique assure une ventilation efficace en diminuant les dépenses énergétiques. Il permet de filtrer l'air neuf, ce qui n'est pas possible sur les entrées d'air de fenêtres. Il faut toutefois installer un réseau de gaines supplémentaires pour distribuer l'air neuf, ce qui augmente le coût de l'installation.
La VMC double flux statique peut également être bipassée en été de sorte que l'air extérieur soit insufflé directement dans les pièces.

- Le double flux thermodynamique comprend un échangeur à détente directe qui permet de chauffer en hiver, de refroidir et de déshumidifier l'air ambiant en été. Dans une maison à très basse consommation d'énergie, ce type de VMC peut suffire aux besoins de chauffage.

LA VENTILATION MÉCANIQUE RÉPARTIE

En rénovation, il est parfois impossible d'installer un système de ventilation centralisée. La ventilation mécanique répartie peut le remplacer, sachant qu'elle offre la souplesse d'installation et consomme très peu d'énergie. Le principe consiste à introduire l'air extérieur dans les pièces principales et à l'extraire dans les pièces humides par le biais d'aérateurs fixés sur les murs ou posés au sol. Le matériel doit répondre aux exigences du label Promotelec habitat existant dont la liste est disponible sur le site www.promotelec.com.

Un entretien rigoureux

L'efficacité d'un système de ventilation est conditionnée par son entretien régulier. Les entrées d'air et les bouches d'extraction démontables doivent être dépoussiérées et lavées si nécessaire. Les filtres d'une VMC double flux se remplacent une à deux fois par an. Il est prudent de confier le contrôle du caisson de ventilation à un professionnel tous les trois ans.

4

5

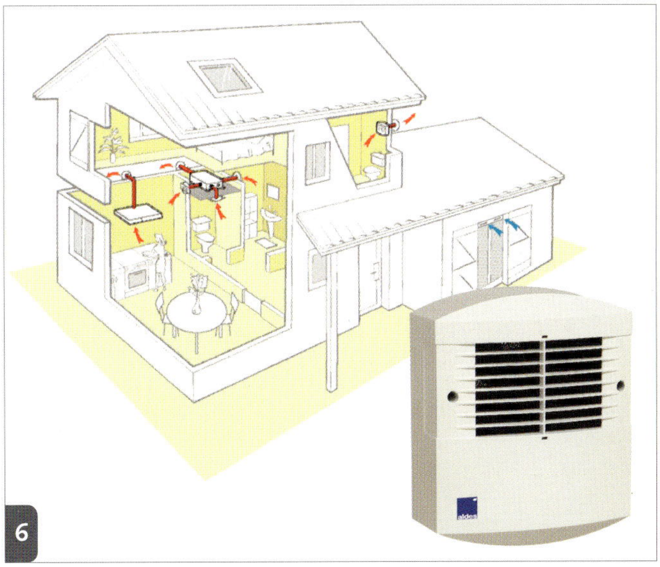

6

4 La VMC double flux thermodynamique (« T.Zen 4000 » d'Aldès) installée dans cette maison regroupe 4 fonctions : renouvellement d'air, chauffage en hiver, rafraîchissement en été, production d'eau chaude sanitaire.

5 Ce caisson d'extraction pour VMC simple flux autoréglable est adapté en rénovation car il est peu épais et son montage permet de l'intégrer sous un faux plafond (Atlantic). Il suffit aux besoins d'une cuisine et de deux pièces humides.

6 L'extraction pièce par pièce répond au principe de la ventilation répartie (VMR) à choisir si l'installation d'une VMC est impossible. L'extraction de l'air vicié n'est pas centralisée, mais répartie dans chaque pièce par des appareils indépendants.

PUITS CANADIEN
Équipement

Appelé également «puits provençal», le puits canadien complète idéalement une ventilation double flux dans les régions où les amplitudes thermiques sont importantes.

Il s'agit d'un procédé ancien permettant de profiter de l'inertie thermique du sol pour rafraîchir ou réchauffer l'air neuf introduit dans la maison par le système de ventilation.
Le puits canadien se compose d'une prise d'air équipée d'un filtre et d'un ou plusieurs tubes de 20 à 40 mètres de longueur en moyenne, enterrés entre 2 et 3 mètres. À cette profondeur, la température qui est relativement constante toute l'année (entre 12 et 15° C), se transmet à l'air plus chaud (ou plus froid) puisé à l'extérieur avant qu'il ne soit injecté dans la maison. En été, la maison s'en trouve rafraîchie naturellement (la température s'abaisse de 5 à 8° C), alors qu'en hiver, l'air provenant du puits est plus chaud que l'air extérieur pour gagner l'échangeur et être insufflé dans la maison. La déperdition thermique étant bien moindre, on peut ainsi bénéficier d'un appoint au système de chauffage tout en réalisant des économies d'énergie.

UNE ÉTUDE PRÉALABLE

Une étude thermique impose l'intervention d'une société spécialisée, pour des raisons de dimensionnements et de pose du puits, et pour vérifier la qualité de l'air qui circulera dans la maison. La nature du sous-sol mérite étude, de même que la longueur, le diamètre et le nombre de tuyaux sans oublier leur profondeur d'enfouissement.

- **L'entrée d'air neuf** se place à distance de la végétation, elle est faite d'un matériau résistant et peu émissif. Située à plus de 110 cm de hauteur et hors poussière, l'entrée d'air comporte un chapeau de protection contre la pluie, une grille de protection contre les insectes et les petits animaux ainsi qu'un filtre.

- **Le réseau de tuyaux** se compose de plusieurs tubes branchés en parallèle, plutôt qu'un seul tube plus long. La longueur totale dépend du débit de renouvellement d'air souhaité, de la nature du sol, et de la zone géographique. La longueur moyenne pour une maison individuelle est de l'ordre de 30 à 50 mètres. Les tuyaux se posent avec une pente comprise entre 1 et 3 % pour favoriser l'évacuation des condensats (l'eau accumulée dans le réseau peut servir la prolifération des bactéries et ralentir le flux d'air). Lisses à l'intérieur et traités antimicrobiens pour prévenir les mauvaises odeurs, ces tuyaux sont généralement en polyéthylène ou en polypropylène, 100 % étanches à l'eau et à l'air dans les zones à risque radon.

- **L'évacuation des condensats** est indispensable. En effet, lorsque l'air extérieur chaud entre au contact des parois plus froides du puits, il se produit de la condensation. Entraînée par la pente, cette eau résultant de la condensation est dirigée vers un dispositif de récupération et évacuée par un puits perdu ou une pompe de relevage.

- **Le ventilateur** dimensionné aux besoins de l'installation sera de préférence à vitesse variable pour adapter le débit en fonction de l'usage des locaux. Il est aussi susceptible d'être associé à un système de régulation (by-pass et thermostat) qui, en intersaison, déconnecte automatiquement le puits lorsque la température extérieure est proche de la température de confort intérieur. La ventilation puise alors l'air neuf sur une prise directe. C'est souvent le ventilateur du groupe de ventilation double flux qui régule le flux d'arrivée d'air neuf.

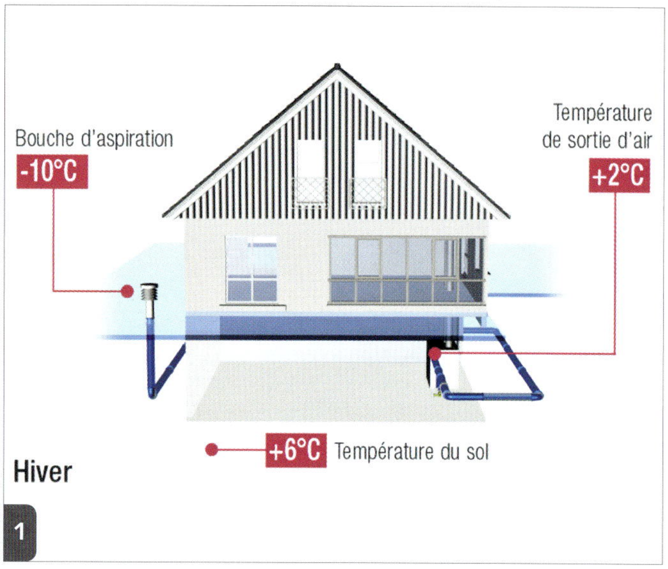

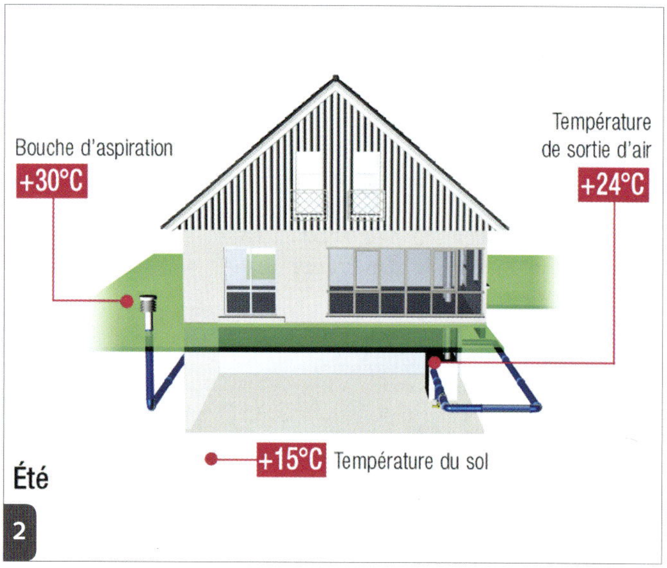

1 En hiver, l'air puisé à l'extérieur est réchauffé en circulant dans les tuyaux enfouis à 2 mètres de profondeur, là où la température du sol est stable quelle que soit la saison.

2 En été, le phénomène inverse se produit. L'air puisé à l'extérieur est refroidi dans les tuyaux avant d'être expulsé à l'intérieur de la maison pour en abaisser la température ambiante.

Un puits canadien/provençal mal conçu peut s'avérer inefficace et poser de graves problèmes vis-à-vis de la qualité de l'air intérieur.

Le système complet « Awadukt Thermo » (Réhau) comprend tubes, regard, raccords et cheminée d'aspiration. Les éléments sont étudiés pour offrir de très bonnes performances et garantir la qualité de l'air qui entre dans la maison.
Les tubes sont en polypropylène très rigide, leur couche intérieure lisse est traitée aux sels d'argent pour freiner la prolifération microbienne. Ils supportent sans difficulté la charge et le curage à haute pression et assurent un transfert de chaleur élevé.
Au niveau des raccords et des regards, des joints en EPDM (matériau ayant des caractéristiques semblables au caoutchouc) garantissent l'étanchéité intégrale du système. Pour chaque projet, le fabricant réalise une pré-étude.

COUPLAGE AVEC UNE VMC DOUBLE FLUX

Le puits est ici couplé à un groupe de ventilation double flux « Econat » (Nather). La VMC extrait l'air vicié des pièces humides (cuisine, salle de bains, wc) et transfère les calories récupérées à l'air préchauffé provenant du puits canadien avant d'insuffler cet air neuf et filtré dans les pièces principales (chambres et séjour). Son échangeur à plaques offrant un rendement de 70 % est monté sur glissières pour faciliter le démontage et le nettoyage.
Cet équipement complémentaire réduit de manière importante les déperditions de chaleur engendrées par le renouvellement d'air essentiel au confort de la maison. Dans un environnement bruyant, la maison est parfaitement ventilée sans ouvrir les fenêtres et sans entrées d'air annexes qui laissent aussi s'infiltrer les bruits extérieurs.

1 Deux tubes prévus en parallèle sont posés sur le terrain pour mesurer la longueur de tranchée nécessaire, sur 2 mètres de profondeur.

2 Le puits présente une pente de 2 % pour diriger les condensats vers le collecteur installé au point le plus bas (vers la maison). Ils seront ensuite évacués à travers un lit de graviers (puits perdu) ou par une pompe de relevage raccordée au réseau d'eaux usées.

3 À partir d'un raccord en Y, les tubes se posent en parallèle. Pour garantir les performances du captage, leur espacement est égal à 5 fois leur diamètre.

4 L'assemblage des tubes de 20 cm de diamètre est assuré par un manchon parfaitement étanche. Les bouchons de protection ne se retirent qu'au moment du raccordement et vérification constante de la pente.

INSTALLATION D'UN PUITS CANADIEN (suite)

Les tubes posés et calés en pente sont maintenus par la terre d'excavation grossièrement tamisée.

Ils se rejoignent avant d'être raccordés à la colonne d'aspiration d'air. Elle est recoupée en hauteur et bouchée provisoirement.

Depuis le collecteur de condensats, le tuyau qui relie le puits à la maison est posé en pente inverse. On peut ensuite remblayer la tranchée.

Pour entrer à l'intérieur, le tube traverse un manchon de traversée de paroi qui permet au tube de se dilater librement lorsqu'on rebouche l'ouverture au mortier.

On prolonge le tube en polypropylène par une gaine de ventilation galvanisée qui dirige l'air préchauffé jusqu'au groupe VMC double flux.

La conduite d'air provenant du puits se raccorde à l'entrée d'air neuf de la VMC. En hiver, cet air préchauffé y récoltera les calories récupérées dans l'air extrait avant d'être insufflé dans la maison.

Pour extraire l'air et l'insuffler, on utilise des gaines souples. Elles se raccordent à l'échangeur placé dans les combles perdus.

L'air neuf est distribué dans les pièces principales par un réseau de gaines souples qui se raccordent à des bouches raccordées au circuit d'insufflation.

De l'odeur de renfermé au papier peint qui se décolle, sans oublier une sensation de froid qui vous engourdit les épaules. Toutes ces réactions sont causées par un excès d'humidité.

La sensation d'inconfort nous amène d'une part à monter le chauffage et d'autre part à aérer les pièces. Une double erreur qui ne fait qu'amplifier le mal et augmenter la facture énergétique.

COMPRENDRE SON ORIGINE

Des murs humides jusqu'à environ 1,50 m de hauteur traduisent de toute évidence des remontées capillaires.
Des moisissures dans les angles de murs ou à l'arête du plafond et sur les papiers peints sont causées par une ventilation défectueuse, voire une fuite en toiture. Un enduit sur lequel se forme une mousse blanchâtre laisse penser qu'il s'agît de salpêtre. La buée sur les vitres et les ruissellements d'eau signalent également une ventilation défectueuse. Tous ces méfaits liés à un excès d'humidité génèrent un sentiment de froid désagréable qui ne se règle pas en poussant à la hausse le thermostat du chauffage.

ABSORBER L'HUMIDITÉ

Si la VMC représente une solution de premier choix pour régler les problèmes de ventilation (voir pages précédentes), il n'est pas toujours possible d'y recourir, surtout dans une vieille maison dont les travaux de rénovation sont déjà avancés. L'humidité excessive de l'air ambiant qui se traduit par une sensation de « froid » n'est pas liée à la température ambiante.

- **Les absorbeurs** se présentent sous forme de grosses pastilles ou de poudre en sachet qui absorbent l'humidité et la transforme en saumure récupérée dans un récipient. Cela coûte cher à la longue, car il faut renouveler toutes les 3 semaines en moyenne ces absorbeurs encombrants, peu décoratifs et facilement accessibles aux enfants.

- **Les déshumidificateurs électriques** ont une efficacité reconnue. Ces appareils à poser peuvent assainir l'air de plusieurs pièces. Ils l'absorbent, retiennent l'humidité qui se condense et rejettent l'air purifié par des filtres.
Inconvénient : le ventilateur n'est pas vraiment silencieux, le bac de récupération doit être vidé dès qu'il est plein pour que l'appareil se remette en route.
Avantage : le déshumidificateur peut également refroidir l'air ambiant durant l'été ou contribuer à réchauffer la pièce dans laquelle il est installé en hiver. Certains appareils se raccordent à un système de drainage permanent ce qui permet de combattre l'humidité à distance et en continu.

1

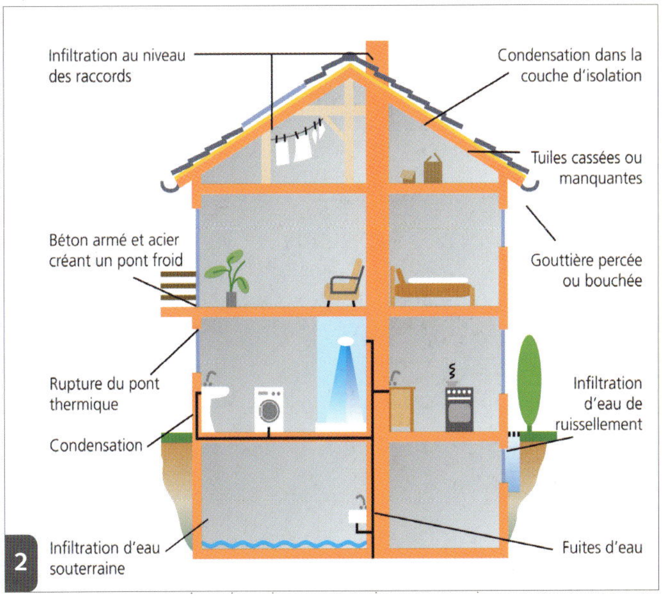

2

3

1 Un déshumidificateur équipé d'un compresseur offre une capacité d'extraction d'humidité optimale dans une pièce tempérée. Celui-ci récupère jusqu'à 12 litres/24 heures, d'un air contenant 82 % d'humidité (Zibro).

2 Les désordres provoqués par l'humidité peuvent être considérables. Elle s'infiltre dans la maison par de multiples entrées.

3 Cet absorbeur suffit pour 40 m² pendant deux mois environ. Il se présente en pot de terre cuite émaillée de différentes couleurs à couvercle verrouillable (La Tolosane).

TRAITEMENT DES MURS DE FAÇADE
Équipement

Un excès d'humidité dans les murs peut résulter de désordres en façade. Son inspection dans le détail est primordiale.

LES REMONTÉES CAPILLAIRES

Fréquentes dans les vieilles maisons, elles sont dues aux maçonneries qui absorbent l'eau souterraine dans les terrains mal drainés ou argileux. Ce phénomène «d'éponge» dépasse rarement 120 à 150 cm de hauteur à partir du sol. Toutefois si un soubassement étanche a été réalisé, la migration continue et se révèle au-dessus de cette limite.

- **À l'intérieur,** les taches apparaissent, mais bien souvent c'est sur toute la partie inférieure du mur que l'humidité se traduit par des parois trempées. Et si l'eau est chargée en sels minéraux, le salpêtre s'ajoute au tableau, sous forme de boursouflures, dans un premier temps, lesquelles éclatent laissant place à une mousse blanchâtre.

Les zones atteintes de salpêtre peuvent être brossées avec une solution légèrement acidulée (acide sulfurique ou muriatique dilué) et rinçées abondamment à l'eau claire pour réduire les efflorescences. Les traitements surfaciques ne font que déplacer les problèmes.

ENDUITS RESPIRANTS ET DRAINAGE

Pour assécher les murs, il faut rétablir les échanges de vapeur entre l'extérieur et l'intérieur. Les enduits extérieurs étanches doivent être éliminés et remplacés par des enduits «respirants» à base de chaux et de sable.

- **Le drainage** s'impose autour de la maison si le terrain est argileux. Dans la tranchée, on dépose un lit de graviers que l'on recouvre d'un géotextile avant d'installer les drains selon une pente de 1 à 2 % et de les raccorder soit au réseau d'eaux pluviales (ce qui suppose que des gouttières soient en place), soit vers un puisard.

Dans certaines régions, les vieilles maisons étaient bâties sans fondations, simplement sur des pierres d'assise plates, les débords de toiture servaient à décaler des façades les ruissellements d'eau de pluie. Les problèmes d'humidité dans ces maisons sont récurrents. La tranchée de drainage doit être effectuée à 50 cm des murs pour ne pas déstabiliser la maçonnerie .

- **Le traitement des fondations** implique de décaisser le terrain pour découvrir la partie de mur enterré et la traiter avec un produit à base de bitume ou une membrane imperméable («Fondaline» de Onduline), en polyéthylène à haute densité garantissant des performances mécaniques. Elle résiste à la pression du remblai et reste insensible aux températures extrêmes et aux agents chimiques que le sol peut contenir.

Dans la tranchée, le drain enrobé d'un géotextile se place contre la maçonnerie.

4

Évaluation de l'humidité

Le taux d'humidité confortable dans une maison est d'environ 50 %. Un taux supérieur génère l'inconfort et occasionne des dégradations. Un taux inférieur est néfaste à la santé, il entraîne des allergies, des maux de gorge, et des rhinites à répétition. Pour évaluer la qualité de l'air, il est conseillé d'utiliser un hydromètre mécanique ou électronique (plus précis). Ce petit appareil peu coûteux vous informera sur la nécessité ou non de vous équiper d'un déshumidificateur. De plus, si celui-ci n'est pas doté d'une sonde électronique qui commande la marche et l'arrêt selon les besoins, il vous servira de témoin.

TRAITEMENT DES FISSURES

Si une façade comporte des fissures, les infiltrations d'eau ne se font pas attendre. Il faut les reboucher avec un mastic acrylique pour maçonnerie souple, résistant au gel et pouvant supporter en recouvrement soit une peinture, soit un enduit.

IMPERMÉABILISATION DES FAÇADES

Un enduit de façade et des matériaux bruts comme la pierre et la brique peuvent être imperméabilisés s'ils sont poreux. Il convient de choisir un produit hydrofuge qui laisse passer la vapeur d'eau et empêche l'eau d'imprégner le matériau. Ces produits non filmogènes doivent convenir au support. En ce qui concerne la remise en peinture, celle-ci offre les mêmes caractéristiques de microporosité.

1 Le rebouchage des fissures en façade s'impose pour contrer les infiltrations d'eau et d'humidité qui dégradent les murs intérieurs et la qualité de l'air ambiant.

2 Pour laisser respirer les murs sans changer leur aspect, tout en prévenant les infiltrations d'eau et d'humidité, les produits hydrofuges microporeux diminuent également les formations de mousses et lichens.

3 À la base des fondations, un drain enrobé de géotextile recueille les eaux de ruissellement pour les évacuer vers un puisard ou un collecteur. Du gravier doit le recouvrir avant de remblayer.

4 La façade de cette maison bretonne a été traitée avec un produit hydrofuge microporeux qui empêche la formation des lichens.

TRAITEMENT DES REMONTÉES CAPILLAIRES
Mise en œuvre

Les remontées capillaires sont pratiquement inévitables lorsque les maçonneries sont au contact direct du sol. L'humidité les traverse, monte dans les murs et les imprègne à la manière d'une éponge.

La seule solution consiste à créer des barrières étanches horizontales puis verticales dans les murs par injection de micro-émulsions qui, en durcissant par polymérisation dans les capillaires, parviennent à contrer les remontées. C'est un traitement coûteux et lourd à mettre en œuvre.

Il est vivement recommandé de faire établir un diagnostic par un professionnel pour qu'il vous en confirme la nécessité. Celui-ci doit avoir l'agrément SOCOTEC et offrir 30 ans de garantie pour son intervention.

ÉTABLIR UN DIAGNOSTIC

C'est un technicien qui évalue, de visu et avec un détecteur, le type et l'amplitude d'humidité, il relève l'épaisseur des murs afin d'établir son devis. Il s'ensuit la visite du responsable des travaux qui en confirme la faisabilité, apporte ses conseils, détermine la technique à utiliser ainsi que la nature des produits à injecter et leur dosage.

- Le carottage consiste à prélever de la matière par forage du mur jusqu'à sa mi-épaisseur. La matière extraite sous forme de poudre est aussitôt placée dans une bombe à carbure contenant du carbure de calcium selon un dosage précis.

Il se produit une réaction chimique créant de l'acétylène dont la pression, indiquée sur le cadran, donne le taux d'humidité qui imprègne le mur. À partir de ces paramètres, on peut établir un calendrier, déterminer le temps d'assèchement du mur (entre 12 et 18 mois), et convenir d'un contrôle, passé ce délai, pour vérifier l'efficacité du traitement par un nouveau prélèvement qui doit trouver un taux d'humidité résiduel de 5 % maximum.

Le prélèvement par carottage s'effectue de l'extérieur ou de l'intérieur, au cœur du mur. La poudre est recueillie dans un récipient au cours de l'éjection.

Le poids de la maçonnerie pulvérisée est déterminé d'avance. Il doit être précis pour permettre l'analyse du taux d'humidité.

Le dosage du carbure de tungstène est proportionnel au poids de la poudre versée dans la bombe à carbure.

Le mélange agité dans la bombe produit une réaction chimique immédiate indiquant le taux réel d'humidité contenu dans le mur.

Des délais assez longs

La polymérisation des micro-émulsions à l'intérieur est effective 24 heures après l'injection, mais l'assèchement des murs dure des mois. Il faut donc d'attendre la visite de contrôle et le feu vert de l'entreprise avant de se lancer dans la réfection des surfaces dégradées par l'humidité.
Les enduits qui présentent du salpêtre doivent être entièrement éliminés car ils sont définitivement contaminés. Le nouvel enduit ne peut adhérer et conserver son aspect que sur une maçonnerie assainie.

DES INJECTIONS PROGRESSIVES

Pour être efficace, la barrière étanche doit traverser les murs. S'ils sont épais, dans les bâtiments anciens notamment, on fait deux ou trois percements successifs jusqu'à 5 cm de la paroi opposée. Une seule intervention au cœur du mur ne suffirait pas à remplir le réseau capillaire sur son épaisseur.
En intervenant par l'extérieur, la ligne d'injection se trace à 11 cm au-dessus du niveau le plus haut du sol intérieur. Chaque trou est ensuite percé en biais tous les 11 cm, l'angle dépend de l'épaisseur du mur car le but est d'atteindre le niveau du sol intérieur.

- **Le produit sous pression** est injecté dans les trous à l'aide d'une buse. Il s'agit de micro-émulsions silicone concentrées en phase aqueuse (fourni ici par Murprotec). Ces particules, dix fois plus petites que celles des émulsions couramment utilisées, permettent de traiter les murs à cœur en pénétrant dans leurs capillaires les plus fins. La saturation est atteinte lorsque le produit ressort par les trous voisins. La rangée étant finie, on revient au début pour renouveler l'opération : perçage et nouvelle injection.

UNE BARRIÈRE VERTICALE

Complémentaire de la barrière horizontale, la barrière verticale sert à délimiter les zones traitées. Le mur est percé tous les 11 cm, à 11 cm d'un mur de retour et jusqu'à 1,20 m du sol. Les trous de 14 mm de diamètre ont une inclinaison de 15 à 30 % selon l'épaisseur de la maçonnerie. On y injecte le produit selon le même procédé que précédemment, en une, deux ou trois fois, les trous se rebouchent dans la foulée.

5

L'alignement des trous est tracé à l'extérieur, à 11 cm au-dessus du niveau le plus haut du sol intérieur. Dans certains cas, le traçage est nécessaire sur le mur intérieur.

6

Les trous distants de 11 cm dans le même alignement se font en biais avec une mèche au carbure de 14 mm de diamètre. Ils n'excèdent pas 10 à 15 cm de profondeur.

7

L'analyse de la nature de la maçonnerie et le taux d'humidité déterminent le dosage et la dilution du produit à injecter. Le mélange s'effectue sur place.

8

Un tuyau relie la buse au compresseur. L'injection sous pression est arrêtée dès que le produit ressort par le trou voisin. On procède en une ou plusieurs fois selon l'épaisseur du mur.

9

La barrière étanche verticale est impérativement réalisée pour séparer les zones traitées de celles qui ne le sont pas.

10

Les trous se rebouchent dans la foulée avec un mortier gâché dans une auge. Il est de même couleur que les joints.

MENUISERIES ÉTANCHES
Matériaux

Sachant que 25 % des déperditions de chaleur se font par des fenêtres non étanches, leur remplacement s'impose dès lors qu'il s'agit de réduire la facture énergétique.

Le choix des fenêtres est assez complexe car les niveaux de performance sont variables et que la zone climatique dans laquelle on habite, tout comme l'orientation du bâtiment, sont à prendre en compte.

- **L'orientation** est un premier critère de choix. Elle est établie selon les critères « A* » (perméabilité à l'air), « E* » (étanchéité à l'eau), « V* » (résistance au vent). * Les étoiles montrent que les essais sont réalisés selon les normes européennes.

- **La zone climatique,** (on en compte 5 en France), la hauteur de l'ouverture, et le type d'environnement (rase campagne, petite ou grande ville…) s'étudient aussi. Pour simplifier l'évaluation de la fenêtre « idéale », on peut se rendre sur le site software.cstb.fr et répondre aux 3 questions posées pour obtenir la classification AEV ad hoc.

LES CERTIFICATIONS DU CSTB

Elles ont pour objectif d'assurer que les fenêtres seront résistantes à l'usure, aux déformations et à la décoloration, et qu'elles ne mettent pas la sécurité en danger.

- **NF et/ou certifié CSTB,** pour les fenêtres et les portes-fenêtres en PVC et aluminium à rupture de pont thermique et pour les fenêtres de toit.

- **Acotherm,** pour les performances thermique et acoustique, associées aux certifications précédemment citées.

- **NF /CSTB Fenêtres bois,** pour la performance des menuiseries en bois.

- **CTB-Bois** est un label de qualité concernant les fenêtres en bois et les menuiseries en bois/aluminium (fenêtres mixtes).

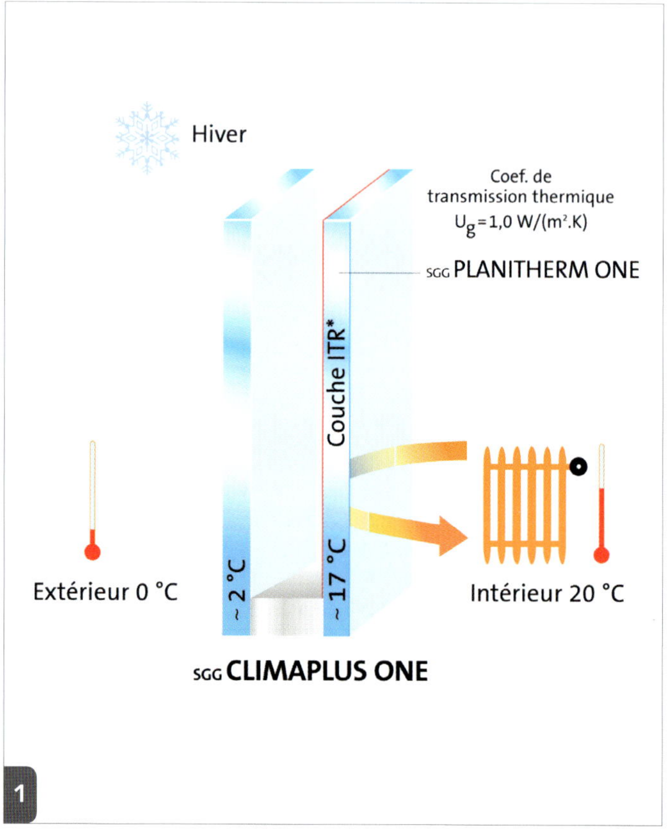

1

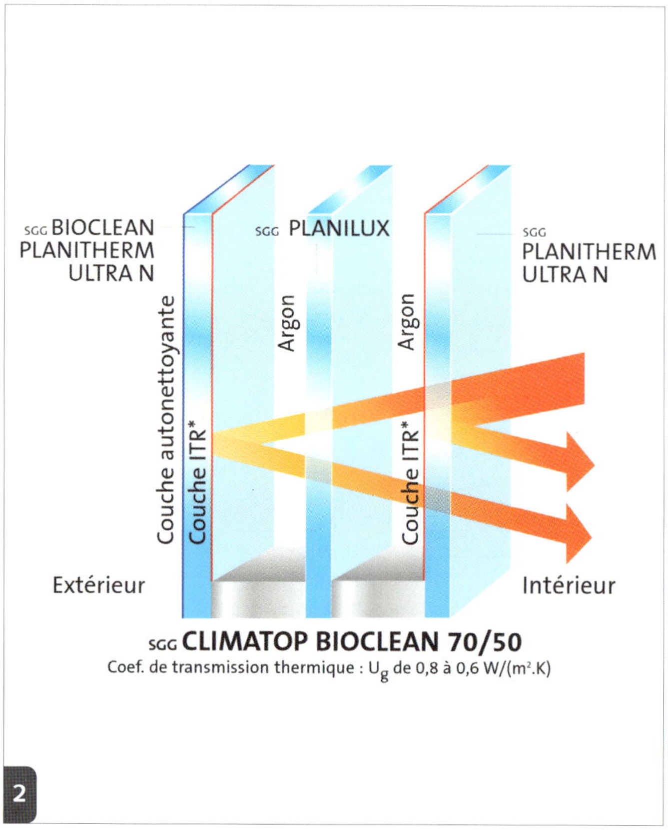

2

1 Ce nouveau vitrage à Isolation Thermique Renforcé (ITR) a une valeur thermique record Ug 1,0W/m²/K. Il se compose de deux verres séparés par un intercalaire à rupture thermique du type Swisspacer. Le verre intérieur est revêtu d'une couche à basse émissivité qui agit tel un bouclier thermique en retenant la chaleur à l'intérieur du logement et en évitant les déperditions vers l'extérieur. Il isole trois fois mieux qu'un vitrage ordinaire (« Climaplus One » de Saint-Gobain Glass).

2 Conçu pour offrir aux bâtiments à basse consommation d'énergie (BCE) la plus haute isolation possible, ce triple vitrage assure une isolation 30 % supérieure à celle d'un double vitrage ITR. Il est constitué de deux verres à couche peu émissive autour d'un verre clair avec deux espaces remplis de gaz argon. Cette combinaison unique permet d'obtenir un coefficient de transmission thermique Ug 0,8 à 0,6W/m².K associé à une transmission lumineuse de 70 %. Le facteur solaire de 0,50 permet à l'énergie solaire de pénétrer dans le logement pour offrir un apport thermique conséquent en hiver. Le verre extérieur est revêtu d'une couche autonettoyante « Bioclean » (« Climatop Bioclean 70/50 » de Saint-Gobain Glass).

CHOISIR LE MATÉRIAU

Les aides fiscales (crédit d'impôt à hauteur de 15 %) incitent au remplacement des fenêtres pour économiser l'énergie. Elles influent également sur le choix des matériaux :

- **Le PVC** vient en tête et représente 70 % du marché car c'est actuellement le meilleur isolant, avec un rapport qualité/prix imbattable. Bien que les fenêtres s'affinent, on doit réfléchir avant d'effectuer le remplacement avec ce type de fenêtre qui ne convient pas à tous les styles de bâtiment.

- **L'aluminium** est en très forte croissance. C'est un matériau sécuritaire qui demande peu d'entretien et se décline dans une palette de coloris très large (RAL). La finesse des menuiseries leur confère un style contemporain. Ces fenêtres se placent en second rang des ventes, soit 13 % du marché.

- **Le bois/aluminium** associe les qualités des deux matériaux pour qu'ils accordent leur style au décor intérieur et à la façade. Ce marché de fenêtres représente aussi 2 %. Si elles règlent tous les problèmes esthétiques et techniques, on peut leur reprocher de coûter cher.

- **Le bois** séduit par son côté authentique, mais il est en perte de vitesse, sans doute pour l'entretien qu'il demande et son coût. Il ne représente plus que 15 % du marché.

DES VITRAGES AU TOP

En constante évolution, la performance des vitrages relève de la haute technologie. Ils ont des spécificités qui leur permettent de s'adapter à toutes les situations.

On doit en premier lieu comprendre la signification des lettres « Ug » et « Uw » que portent les parois vitrées (fenêtres et portes-fenêtres). Elles répondent à des critères techniques de performances, (« Ug » pour les vitrages et « Uw » - w comme window - pour les fenêtres (soit le vitrage + la menuiserie), qui traduisent la capacité à laisser passer la chaleur.

« U » est le coefficient de transmission thermique, « g » correspond au facteur solaire. Exprimé en %, cette valeur caractérise la quantité totale d'énergie que laisse passer un vitrage par rapport à l'énergie solaire incidente. Elle mesure donc la contribution d'un vitrage à l'échauffement d'une pièce. Plus le facteur solaire est faible, moins on profite de l'apport solaire, la transmission lumineuse est également réduite, c'est ce qui se produit avec trois vitres (G = 50). On comprend ainsi que le choix du vitrage doit tenir compte de son orientation. Une baie exposée en plein sud a un coefficient G idéal de 45 %.

3

4

3 En bois/aluminium équipée d'un triple vitrage à isolation thermique renforcée (ITR), cette fenêtre répond aux exigences des Bâtiments Basse Consommation et des maisons passives. D'une épaisseur totale de 84 mm, sa finition intérieure est en pin naturel ou prépeint, l'extérieur, en aluminium laqué en 27 couleurs au choix (« MUwST » de MC France).

4 En PVC, cette fenêtre destinée à la rénovation utilise des profilés à 5 chambres ce qui porte son épaisseur à 70 mm. Elle peut être équipée d'un double ou d'un triple vitrage (Uw 1.0 W/m²K), tout en garantissant l'isolation phonique et la sécurité (« Swingline », Leul).

COMPARER POUR COMPRENDRE

Vitrage standard = Ug 2,9 W/m².K. Double vitrage à isolation thermique renforcée (ITR) = Ug 2,3 W/m².K à 1,1 W/m².K. Triple vitrage à gaz argon = Ug 0,6 W/ m².K (valeur approchant celle d'une paroi opaque). Le gaz argon qui remplace la lame d'air (90 %) et la couche peu émissive des vitres améliorent les performances des doubles ou des triples vitrages. Avec 2 verres à couche peu émissive et un remplissage de 28 mm, Ug= 1 W/m²K. Avec un triple vitrage Ug = 0,6 W/m².K.

CÔTÉ ACOUSTIQUE

Pour percevoir la réduction du bruit provenant de l'extérieur, on doit viser une amélioration de 5 dB au moins, l'idéal étant 10 dB. L'épaisseur du vitrage peut simplement être augmentée. Pour obtenir une amélioration thermo-acoustique, les verres du double vitrage à gaz argon doivent être d'épaisseur différente. Les verres feuilletés acoustiques sont à peine plus épais que des verres thermiques.

5

5 Destinée à la rénovation, cette fenêtre de remplacement s'adapte parfaitement à l'habillage existant d'un ancien modèle grâce au kit « Spécial Remplacement » du fournisseur (Velux).

6 La fenêtre de toit « Tout Confort » (Velux) certifiée CSTB/NF s'équipe de doubles vitrages à isolation thermique renforcée qui font économiser 35 % de gain sur les déperditions en hiver.

Type de vitrage	Description	Résultats
Double vitrage standard	4/12/4 ou 4/16/4, ce qui signifie qu'il est composé de 2 verres de 4 mm séparés par une lame d'air de 12 ou 16 mm.	Réduction de 40 % des pertes de chaleur par rapport au simple vitrage.
Double vitrage faiblement émissif	Revêtement spécial sur l'un des verres, piégeant les rayonnements infrarouges : la chaleur est renvoyée à l'intérieur de la pièce.	Réduction de 30 % des pertes de chaleur par rapport au double vitrage standard.
Double vitrage faiblement émissif renforcé à lame argon	La lame d'air est remplacé par du gaz argon	Réduction supplémentaire de 5 à 10 % des pertes de chaleur.
Vitrage anti-réfléchissant	Traité de manière à ce que les apports solaires soient atténués.	Convient surtout pour les grandes baies vitrées orientées plein sud.
Vitrage chauffant	Équipé d'un film transparent relié au secteur. Émet de la chaleur par rayonnement.	La température de la vitre intérieure peut atteindre 35° C, la chaleur se diffuse par rayonnement.

6

ISOLATION PAR L'EXTÉRIEUR
Matériaux

Actuellement, l'ITE est en plein essor pour la rénovation des bâtiments collectifs et les particuliers l'apprivoisent. Les avantages de cette technique d'isolation enveloppante sont de taille, bien que le coût reste élevé.

Les contraintes d'efficacité énergétique ont fait ressurgir les techniques de l'isolation par l'extérieur (ITE) abandonnées dans les années 1990 suite à des expériences décevantes. Elles n'ont que des avantages :

- **Suppression des ponts thermiques** au niveau des planchers grâce à une isolation continue sur toutes les façades (sauf en présence de balcons).

- **Préservation du gros œuvre** et régulation thermique résultent de l'ITE. En hiver, les murs conservent la chaleur de la pièce, en été, l'isolant fait obstacle aux pics de température. En ouvrant les fenêtres durant la nuit, la fraîcheur est stockée dans les murs. La température du gros œuvre reste stable, il est donc moins sujet à la fissuration.
Les écarts de température dans les maçonneries ayant moins d'amplitude, les risques de condensation diminuent d'autant.

- **Gain de volume habitable,** sachant qu'une isolation par l'intérieur en occupe 6 %.

- **Deux opérations en une** confortent cette technique. D'une part, on isole la maison, d'autre part, on opère une remise à neuf des façades. L'occupation des locaux n'est pas perturbée par les travaux.

PAR QUI, AVEC QUOI...

Tout système d'isolation thermique par l'extérieur proposé sur le marché doit disposer d'un Agrément Technique Européen (ATE) qui en décrit les composants (isolant et mode de fixation, type de revêtement de finition...). Il précise également les performances testées par un organisme indépendant pour les finitions à l'enduit. On peut trouver des renseignements complémentaires dans le Cahier du CSTB 3035 qui apporte davantage de précisions sur la mise en œuvre et sur le traitement des points singuliers (traitement des tableaux de fenêtres...).

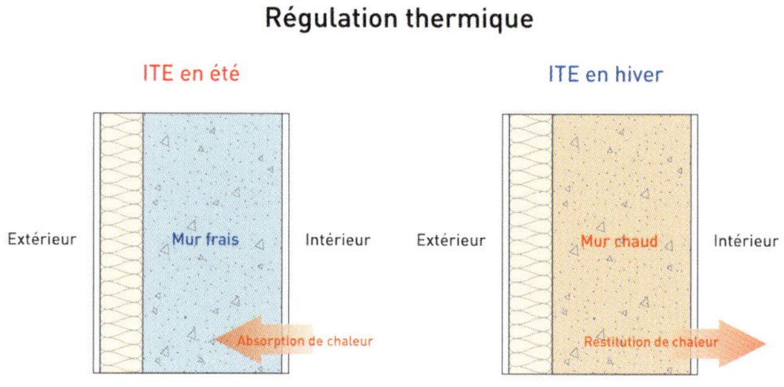

1

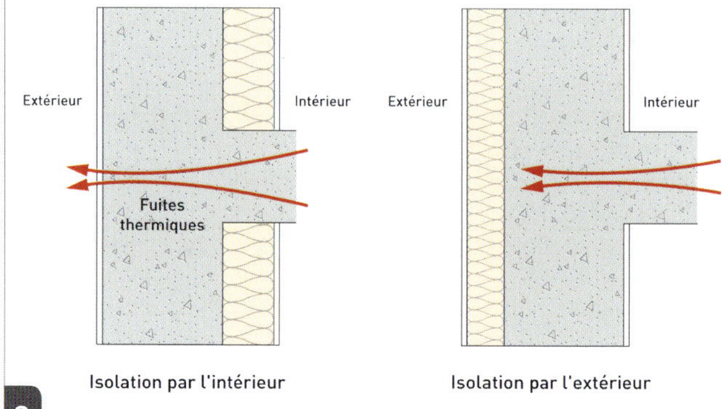

2

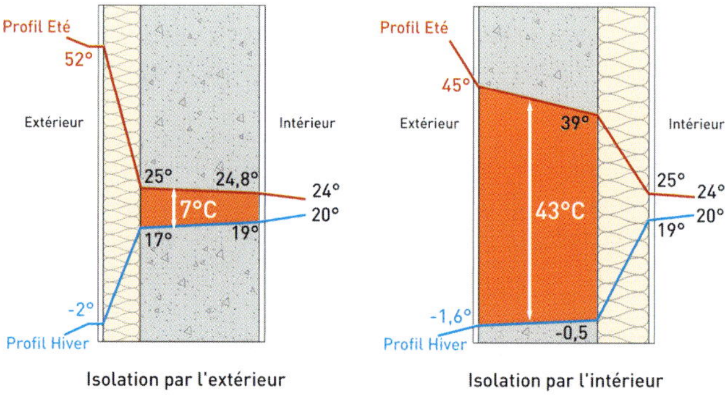

3

1 L'isolation par l'extérieur retient la chaleur dans le mur en hiver et la renvoie à l'intérieur. En été, c'est le phénomène inverse qui se produit : le mur frais absorbe la chaleur excessive intérieure. L'isolation par l'intérieur est traversée par le froid qui stagne dans les murs en hiver. En été, la maçonnerie surchauffée transmet sa chaleur à l'intérieur en traversant l'isolant. Ce qui revient à considérer l'ITE comme un régulateur thermique.

2 L'isolation par l'intérieur engendre des fuites thermiques au niveau des dalles. L'isolation extérieure étant continue, ces déperditions sont supprimées.

3 Avec une isolation extérieure, la plage de température balayée dans le gros œuvre est faible, ce qui stabilise la structure. En revanche, les écarts de température sont élevés dans l'isolant et l'enduit. Leurs caractéristiques techniques doivent être adaptées à ces écarts.

UN ISOLANT DE PREMIER CHOIX

Il doit être compatible et disposer d'une certification ACERMI et du classement ISOLE tel que I 1 S 1 0 2 L 2 E 1.

Rappelons que la certification ACERMI garantit la résistance thermique des isolants testés par des laboratoires indépendants et que le classement ISOLE délivré par l'ACERMI définit la résistance à la compression (I), la stabilité dimensionnelle (S), le comportement à l'eau (O), la limite des performances mécaniques en traction (L) et la perméance à la vapeur d'eau (E).

- **Le PSE Blanc** s'utilise dans 97 % des cas car c'est le matériau le plus économique. Facile à travailler et à couper (avec un fil chaud), il a un lambda de 0,038.
- **Le PSE graphité** ayant un lambda de 0,032, il permet de réduire l'épaisseur à performance égale (10 cm de PSE Graphité = 15 cm de PSE blanc). Inconvénient, il ne supporte pas les rayons UV.
- **La laine de roche** (plus courante dans les bâtiments publics) coûte 4 fois plus cher que le PSE blanc. Elle est plus « respirante » aussi. Lambda = 0,038.
- **La fibre de bois** (pour les maisons à ossature bois en particulier) d'un lambda de 0,045 est un excellent matériau.
- **La laine de verre** renforcée d'un voile de verre (uniquement sous bardage) a un lambda de 0,032 à 0,038 (selon les produits). Elle est noire ou jaune, couleur à choisir selon le type de bardage.

ISOLATION SOUS ENDUIT

Les différents systèmes existants associent l'ensemble des matériels : isolant, trame, enduits... Leurs propriétés respectives (résistante thermique de l'isolant et particularités de l'enduit plus ou moins mince et plus ou moins résistant aux chocs), ont une incidence sur la qualité et la durabilité du système. À titre indicatif, voici deux exemples :

- **Le système « Pariso mince »** (Parexlanko). Le polystyrène (PSE), qui peut être ajusté avec des plots de calage, est fixé avec des chevilles à frapper à collerette selon l'agrément technique européen. On applique dessus une première passe d'enduit « MAITE » dans laquelle on noie une armature « AVU » en fibre de verre que l'on recouvre d'une deuxième passe d'enduit. En finition, on utilise un enduit décoratif (gamme Revlane).
- **Le système « Pariso Hydraulique »** (Parexlanko) qui offre une résistance accrue aux chocs utilise une armature métallique AMG et deux passes d'enduit hydraulique EHI.

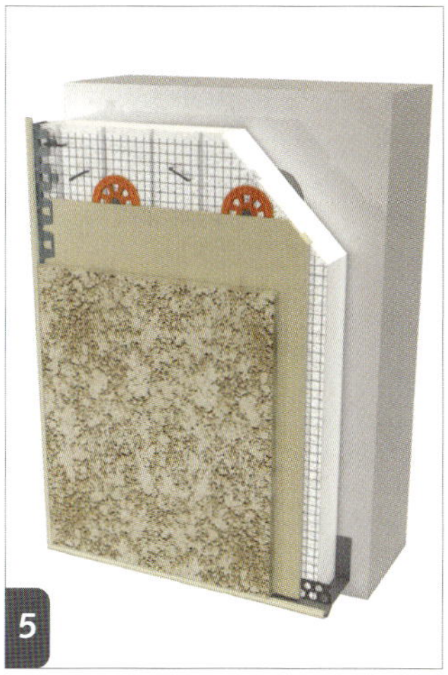

4 Le système complet met en œuvre du polystyrène maintenu avec les chevilles de fixation, l'enduit MAITE en 1ère passe, l'armature AVU, l'enduit MAITE en 2e passe et un enduit de finition hydraulique EHI (« Pariso Mince finition Hydraulique » de Parexlanko).

5 Le système comprend, ici, le polystyrène blanc fixé par des chevilles à collerette, une armature métallique AMG et 2 passes d'enduit EHI en forte épaisseur. La résistance aux chocs est supérieure (« Pariso Hydraulique » de Parexlanko).

6 L'isolation thermique par l'extérieur sous enduit valorise les bâtiments. Les enduits de finition doivent s'accorder à leur style.

Sous autorisation

Si le bâtiment est situé sur rue ou en mitoyenneté, le problème d'occupation des sols peut se poser. Pour cette raison, une demande d'autorisation de travaux doit être déposée en mairie. En site classé ou protégé, une demande doit être faite aux Bâtiments de France.

ISOLATION SOUS BARDAGE
Matériaux

1

On utilise différents types d'isolants : laines minérales et fibres de bois étant les plus classiques. Les panneaux se bloquent dans une ossature en bois qui sert de support au bardage. Cette technique plus facile à réaliser que les précédentes est réalisable sur des murs irréguliers. Le bardage en bois massif « modernise » l'aspect extérieur des maisons. Les bardages peuvent être des plaques ciment, de l'ardoise, de la pierre naturelle ou reconstituée, des panneaux photovoltaïques ou des éléments végétalisés.

1 Le bardage peut prendre des aspects aussi variés que des éléments végétalisés ou des panneaux photovoltaïques.

Dans tous les cas, le choix d'un système d'isolation par l'extérieur prend en compte plusieurs paramètres : intégration au site, nature des murs, exposition des parois au vent et à la pluie, résistance aux chocs…
On doit donc se reporter au classement reVETIR qui est une aide au choix dans ces différents domaines. Chaque lettre du mot reVETIR indique une propriété qui est évaluée de 1 à 4 sachant que 4 est la meilleure note.

R 1 à R 4 : facilité à réparer ou remplacer	Appréciée pour une réparation à l'identique qu'une entreprise peut réaliser plus de dix ans après la pose.
E 1 à E 4 : fréquence d'entretien	Prise en compte des travaux de maintenance pour la durabilité du système (Hors travaux de nettoyage).
V 1 à V 4 : résistance au vent	La pose collée est la plus efficace. Sur des supports anciens, la densité des chevilles de fixation doit être adaptée à l'exposition au vent du site.
E 1 à E 4 : étanchéité à l'eau	Cette caractéristique définit notamment la hauteur maximale d'installation du système en fonction de l'exposition des parois.
T 1 à T 4 : tenue aux chocs	Les niveaux T 1 à T 4 prennent en compte un choc de corps dur, un choc de corps mou, et, pour les systèmes minces sur isolant, la résistance au poinçonnement.
I 1 à I 4 : résistance au feu	Il s'agit de la résistance au feu du système complet et pas seulement de l'enduit de finition.
R 1 à R 4 : résistance thermique	La résistance thermique d'un système ITE est donnée exclusivement par l'isolant. Les couches de finition ont en effet des résistances thermiques négligeables.

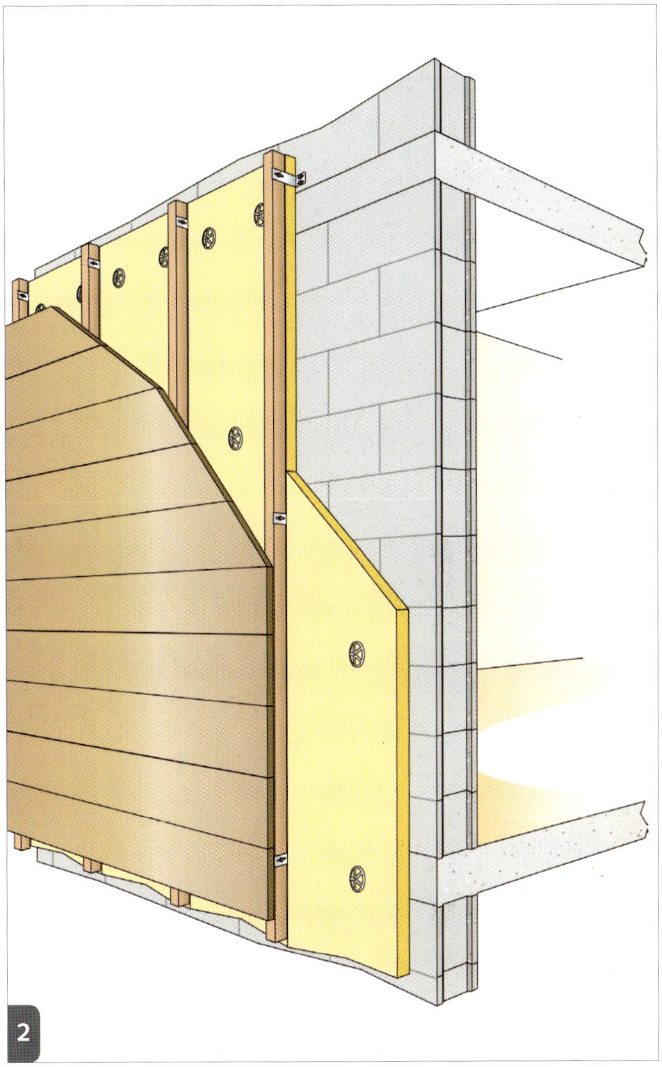
2

Les solutions ITE proposées par Isover Saint-Gobain déclinent une famille de panneaux et rouleaux en laine de verre qui se caractérisent par des performances thermiques de très haut niveau, mais aussi acoustiques et de protection incendie. Pour répondre aux exigences thermiques des Bâtiments Basse Consommation (BBC), Isover préconise deux couches d'« Isofaçade » (λ 32) soit une épaisseur totale de 200 mm. Pour la « Très Haute Performance Énergétique avec Énergie Renouvelable », le fabricant recommande une couche de 140 mm d'« Isofaçade » (λ 35).

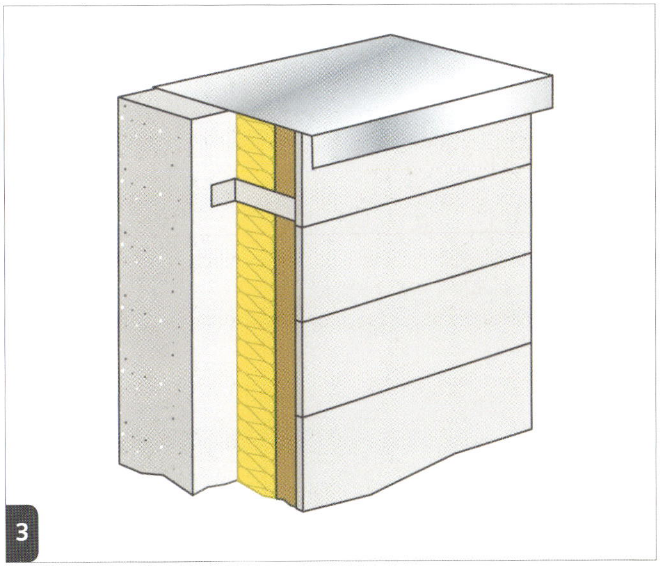
3

2 La première couche d'isolant se place sous l'ossature en bois pour éviter les ponts thermiques. Une deuxième couche éventuelle s'intègre dans l'ossature en bois et est fixée avec des chevilles à collerettes. Entre le bardage et l'isolant, on ménage une lame d'air.

3 Les accessoires de fixation sont particuliers à ce montage. L'équerre maintient l'isolant et l'ossature d'un seul tenant pour limiter les ponts thermiques.

GESTION DES POINTS SINGULIERS
Matériaux

La plus grande difficulté à laquelle il faut répondre quel que soit le système d'ITE choisi est la gestion des points singuliers : retours de tableaux, arrêts hauts sous débord de toiture, angles rentrants et sortants...
Chaque fabricant offre une réponse précise pour ces situations qui forment des ponts thermiques si elles sont mal traitées et d'où résultent des déperditions de chaleur importantes associées à l'apparition de moisissures. Des travaux importants doivent être entrepris dans certaines situations : prolongation de l'avant-toit, modification des fenêtres pour pouvoir réaliser l'isolation des tableaux de fenêtres...

- En partie basse des parois, il est indispensable de conserver une distance minimale de 15 cm entre le sol et le bardage, elle est variable selon la nature de ce dernier. Il en résulte des déperditions importantes du fait de l'interruption de l'isolation. On y remédie en prolongeant l'isolation dans le sol en dessous du niveau du plancher, ce qui revient à réaliser une bonne étanchéité de la paroi enterrée et une protection mécanique de l'isolant (généralement en polystyrène moulé avec un film géotextile revêtu d'enduit).

- La lame d'air est essentielle. Tout système d'isolation par l'extérieur sous un bardage doit être ventilé. Une lame d'air de 20 mm évite la détérioration des bois de l'ossature et celle de l'isolant qu'elle maintient. Elle est fermée en partie basse par une grille qui assure la ventilation : l'air ne doit pas être statique.

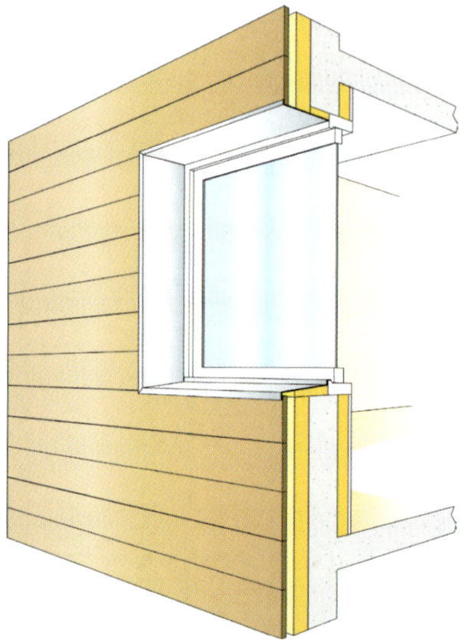
1

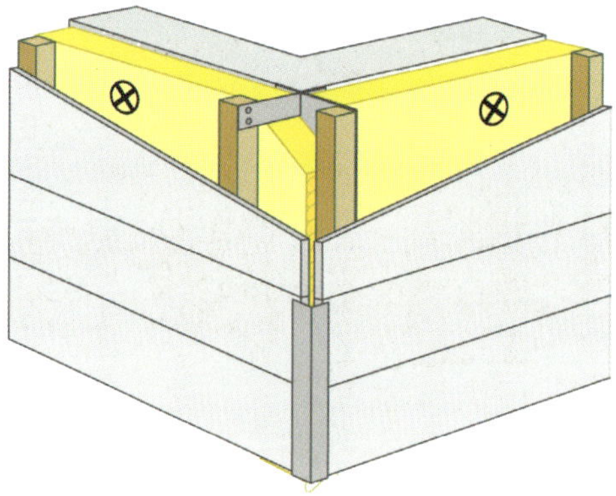
2

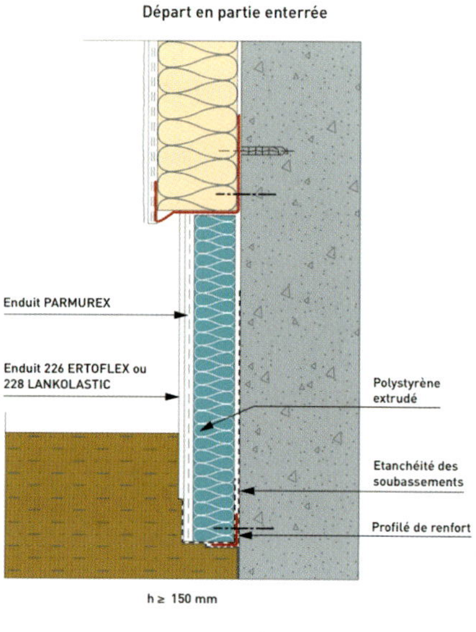

3

1 Si les tableaux de fenêtres ne sont pas isolés, cela remet en question l'efficacité du système. Les blocs fenêtres pour MOB sont particulièrement recommandés car les éléments du tableau soudés au châssis en usine évitent les infiltrations.

2 Les raccordements aux angles font l'objet d'un montage spécifique pour recevoir le bardage.

3 Quel que soit le système retenu, l'isolation doit descendre sous le niveau du sol extérieur jusqu'en bas des fondations. Une membrane étanche est intercalée entre la maçonnerie et l'isolant en polystyrène, au-dessus du niveau du sol, l'isolant est protégé par un enduit.

4 Les lattes verticales posées à claire-voie sont en bois brut de sciage. Elles sont de largeurs variables, mais fixées avec un espacement constant. En transparence, elles laissent apparaître un fond en bois autoclavé teinté par des pigments naturels.

4

CHOISIR UN BARDAGE
Matériaux

L'habillage de la maison par un bardage s'effectue avec divers matériaux, les plus prisés étant le bois, la terre cuite et les clins fibre-ciment.

Le bardage change radicalement l'aspect extérieur de la maison, en dissimulant une isolation par l'extérieur de haut niveau. Deux opérations en une…

LE BOIS NATUREL

De multiples essences s'utilisent pour réaliser des bardages, toutes devant être imputrescibles ou particulièrement résistantes à l'eau telles que le red cedar, le douglas, le mélèze et les bois traités en autoclave. Les lames se déclinent en diverses couleurs (garanties de 10 à 15 ans) ou restent brut sachant qu'elles prendront une patine naturelle. Toutefois, pour conserver l'aspect du bois, les lasures longue durée empêchent le grisaillement prématuré, le traitement est à renouveler.
Le classement des risques du bois sur une échelle de 1 à 5 informe sur le niveau de résistance du bois contre les diverses agressions extérieures, il permet d'en évaluer la durabilité.

- **Les lames jointives** constituent les bardages classiques. Elles sont emboîtées par rainure et languette, ce qui augmente l'étanchéité à l'air et à l'eau. Posées dans le sens vertical, elles offrent aux bâtiments une allure élancée.

- **Les lames à claire-voie** se posent généralement dans le sens vertical, ce qui « allonge » la maison. Les lames sont séparées ou associées avec un joint creux. Dans ce cas, on choisit un pare-pluie résistant aux UV.

- **Les clins** relèvent d'une pose à recouvrement. C'est la solution la plus efficace contre les infiltrations, la plus traditionnelle et séduisante par son esthétique.

- **Les bardeaux** sont présentés en bandes préfabriquées en usine, ce qui simplifie considérablement la pose par rapport à des éléments individuels.

Dans tous les cas, une lame de 2 cm est impérative entre le bardage et l'isolant. L'épaisseur de l'ossature, qui en permet la fixation, est calculée en conséquence. Les tasseaux qui la constituent doivent être de classe 2 (3 pour les lames à claire-voie), les accessoires de fixation pénètrent d'au moins 30 mm dans le mur. Les lames, quant à elles, se fixent par clouage ou vissage apparent. Un pare-pluie s'impose quel que soit le mode de pose.

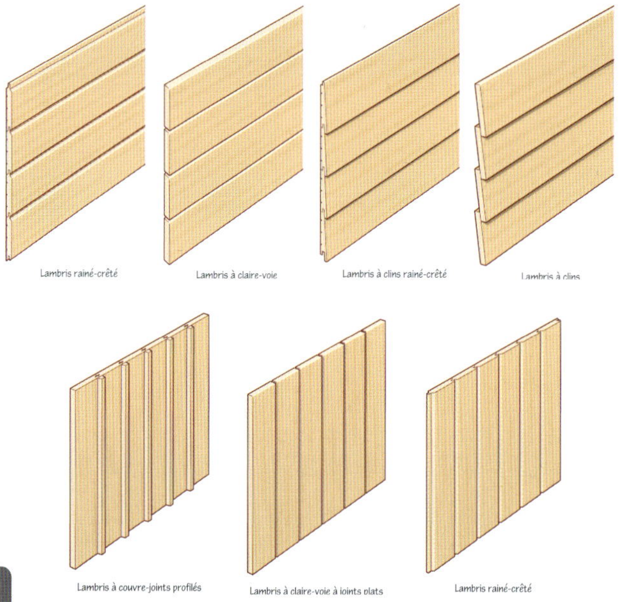

1

2

1 Les différents modes de pose à l'horizontal avec des lames emboîtées. Les modes de pose verticale avec des lames à profils variés.

2 Ce bardage à clins très ancien est réalisé avec des lames de bois non délignées et non traitées contre les UV, ce qui leur confère une teinte « passée ».

LE BOIS COMPOSITE

Bien qu'il ressemble à du bois massif dont il sait reproduire l'esthétique, le bois composite est sans défaut naturel. Les fibres cellulosiques et les adjuvants qui entrent dans sa composition optimisent ses performances. Au final, c'est un matériau imputrescible et durable. Des fabricants tels que l'entreprise Piveteau Bois,se distinguent par leur démarche environnementale. Elle utilise en effet des sciures de sa propre scierie qui, associées à une résine polymère, produit un matériau appelé « Wex » utilisable en extérieur, et particulièrement en bardage. Il requiert une finition lasurée. D'autres fabrications font entrer des fibres de bois, de la cire et une résine dans leur composition (SCB Exteriors Design).

LES REVÊTEMENTS FIBRES-CIMENT

Constitués, entre autres, d'un mélange de cellulose, ciment, sable, adjuvants, silice, ces revêtements sont moulés et pressés sous forme de lames. De leur mode de fabrication résultent de grandes qualités, telles que résistance aux chocs, aux intempéries, aux UV et durabilité pour former des bardages colorés pratiquement inaltérables. Très facile à travailler, ce matériau contemporain se pose en vertical ou en horizontal.

LA TERRE CUITE

Sous forme de tuiles ou d'éléments de grandes dimensions (jusqu'à 152 cm de longueur), la terre cuite offre un aspect extérieur assorti au toit. Résistante aux intempéries, durable et naturelle, elle séduit de nombreux architectes pour son style intemporel qui convient aux ambiances traditionnelles ou contemporaines.

3

4

5

3 En fibres de bois liées à chaud sous haute pression, additionnées de résine et de cire, ce bardage est coloré en usine en 4 couches de peinture acrylique. Il existe en 14 coloris (« Canexel » de SCB Exteriors Design).

4 Ce bardage en clins dans un coloris bleu lilas présente les reliefs d'un bois massif bien qu'il soit en fibres-ciment. Il est ingélif, imputrescible, incombustible et économique (« Cédral » d'Eternit).

5 L'habillage des murs et la couverture sont réalisés avec les mêmes tuiles en terre cuite. Elles s'emboîtent latéralement à plat pour faciliter la mise en œuvre et se déclinent dans une palette de couleurs importante (« Actua » de Koramic, groupe Wienerberger).

ISOLATION DE HAUT NIVEAU

Mise en œuvre

L'isolation extérieure n'a pas perturbé la vie des occupants et la décoration est restée intacte.

Outre la transformation de sa façade, la maison a été modifiée dans toutes les parties qui contribuaient aux déperditions de chaleur.

FONDATIONS ISOLÉES

L'isolation des parties enterrées coupe le pont thermique en bas de la façade. Une tranchée de 60 à 80 cm de profondeur a été creusée pour mettre les fondations à nu et réaliser une isolation avec 20 cm de polystyrène expansé à haute densité (R = 5,9 m^2.K/W). Conditionné en plaques de 100 x 50 cm, le polystyrène a été fixé avec du mortier-colle puis revêtu d'une nappe de protection et de drainage (« Delta MS » de Doerken). La tranchée a été rebouchée avec de la terre.

MURS ISOLÉS PAR L'EXTÉRIEUR

Le matériau choisi est du polystyrène graphité conditionné en plaques de 100 x 50 cm (« Neowall » de Fema). Les particules de graphite qu'il contient absorbent le rayonnement infrarouge, ce qui diminue la conductivité thermique de 20 % environ. D'une épaisseur de 25 cm (R = 7,6 m^2.K/W), il a été collé.

OSSATURE EN APPLIQUE

Fixée au-dessus de l'isolant, l'ossature en bois est constituée de tasseaux en contreplaqué de 22 mm d'épaisseur en 8 cm de largeur. Ils renforcent la tenue du polystyrène et servent de support au bardage.

BARDAGE CONTEMPORAIN

Il est constitué de lames en cèdre rouge, un bois choisi pour sa résistance aux intempéries et pour sa stabilité. Les lames de 3 à 4 mètres de longueur en 20 cm de largeur ont été fixées par des pointes en Inox.

FENÊTRES À TRIPLE VITRAGE

Toutes les fenêtres d'origine en simple vitrage ont été remplacées par des modèles à triple vitrage (Uw = 0,79W/m^2.K). Enfermant de l'argon, ils sont peu émissifs (4-16-4-16-4, Ug= 0,6W/m^2.K).

Toutefois, les déperditions de chaleur étant plus importantes avec un triple vitrage qu'avec un mur isolé, la surface vitrée a été réduite de moitié. Cette opération n'a pas nui à la luminosité des pièces car ce sont des modèles à clair de jour optimal qui se sont substitués aux anciennes fenêtres à petits bois.

Construit dans les années 1970, ce pavillon non isolé consommait jusqu'à 193 kWh/m^2 par an. Sa façade vétuste a influencé le choix d'une ITE permettant de réaliser l'isolation et la finition extérieure simultanément.

La maison habillée de bois s'offre un nouveau style. L'isolation mise en œuvre a réduit la consommation d'énergie entre 38 et 71 kWh/m^2 par an.

Les surfaces vitrées ont été réduites pour limiter les déperditions thermiques. La porte d'entrée est spécialement conçue pour les maisons passives. Elle s'équipe d'un triple vitrage faible émissivité comme toutes les fenêtres de la maison.

Les murs sont isolés avec 25 cm de polystyrène graphité. La résistance thermique est d'autant plus élevée que l'isolant est performant.

Les fondations sont isolées par 20 cm de polystyrène expansé haute densité directement collé sur les parois.

Une membrane imperméable dont les débords sont orientés contre l'isolant protège le polystyrène de l'humidité. Elle tient par la compression de la terre de remblai.

ISOLATION DE HAUT NIVEAU
(suite)

TERRASSE INTÉGRÉE

Ouverte à l'origine, la terrasse a été intégrée dans le volume chauffé par un mur à ossature bois. La trame de l'ossature est réalisée avec des montants fixés sur des lisses basse et haute et avec des traverses en surépaisseur. Cette ossature est habillée à l'intérieur avec des plaques de plâtre protégées par un pare-pluie à l'extérieur. L'isolation mise en œuvre utilise deux couches croisées de laine de bois sur 25 cm d'épaisseur (Homatherm distribué par Construire au Naturel), dont les panneaux sont intégrés dans l'ossature. Il en résulte une résistance thermique R = 7,1m^2.K/W.

COMBLES ISOLÉS PAR L'INTÉRIEUR

Dans cette maison à charpente à fermettes, l'isolation existante se résumait à deux couches croisées de laine de verre en 10 cm d'épaisseur. Elles ont été remplacées par 35 cm de ouate de cellulose soufflée (R = 7,1m^2.K/W).

TOIT ISOLÉ PAR L'EXTÉRIEUR

Dans cette pièce qui sert de chaufferie, l'isolation du toit s'est faite par l'extérieur pour ne pas perdre de hauteur à l'intérieur. Elle a consisté à intégrer de la laine de chanvre de 10 cm d'épaisseur entre les chevrons sur lesquels des panneaux en OSB (Isoroy) ont été fixés avant de placer 20 cm de polystyrène revêtus à leur tour par des panneaux d'OSB recouverts d'un pare-pluie. Des contre-lattes et des liteaux reçoivent la nouvelle couverture en tuile, ventilée.

VENTILATION PERFORMANTE

Imposée par la surisolation, la ventilation extrait l'air vicié et insuffle de l'air neuf. Une VMC double flux à récupération de chaleur est donc installée (Ned Air). Ce système récupère plus de 90 % de la chaleur de l'air extrait pour chauffer l'air entrant, il assure la quasi totalité des besoins de chauffage de la maison s'il est associé comme ici à une isolation de très haut niveau.

CHAUFFAGE D'APPOINT AU BOIS

Un poêle à bûches de faible puissance (2 à 4 kW) assure les besoins résiduels de chauffage.
Le principe de la VMC à récupération de chaleur permet de transférer une partie de cette chaleur à l'air insufflé dans les pièces qui ne bénéficient pas de la chaleur émise par le poêle.

7

L'ancienne terrasse ouverte a été fermée et intégrée dans le volume chauffant. Une double ossature en bois sert à maintenir l'isolant en laine de bois.

8

La deuxième ossature est perpendiculaire à la première pour poser la deuxième couche croisée d'isolant. Des tasseaux rapportés verticalement permettront de poser les lames du bardage dans le sens horizontal.

Un résultat exemplaire

Avant les travaux, la maison consommait 193 kW/m^2 par an dont 159 kWh/m^2 pour le fioul (en moyenne). Avec les travaux, l'économie de la facture énergétique représente environ 1200 € par an. Les émissions de CO_2 sont réduites d'environ quatre tonnes/an !

DES CAPTEURS SOLAIRES EN PLUS

Sur le versant sud de la toiture, trois capteurs solaires thermiques plans (6 m^2) associés à un ballon de stockage de 300 litres (Solution distribué par Nature-Énergie) produisent l'eau chaude sanitaire. Une résistance thermique intégrée dans le ballon assure l'appoint quand l'ensoleillement est insuffisant. Le chauffe-eau solaire alimente aussi le lave-vaisselle.

Le bardage joue un rôle protecteur et esthétique. Comme il n'atteint pas le sol extérieur, le pont thermique est évité par l'isolation des fondations.

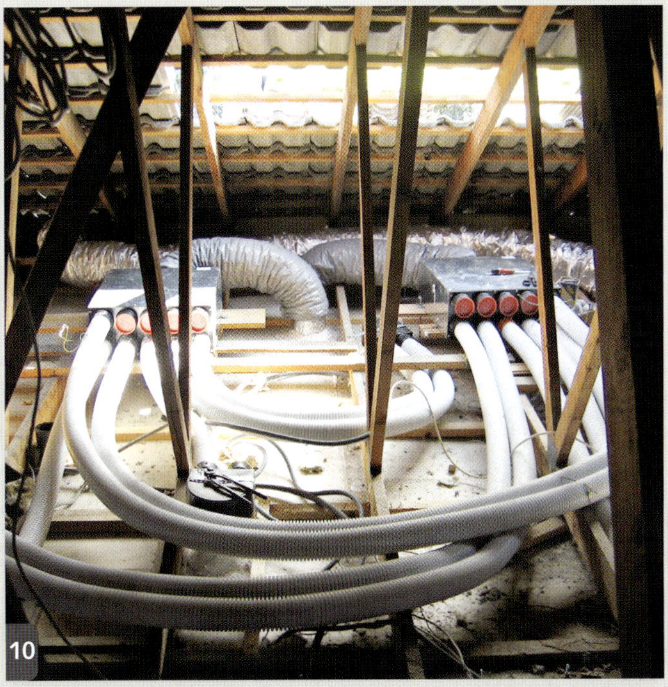

Les deux caissons de répartition de la centrale double flux (l'un pour l'extraction, l'autre pour l'insufflation) sont installés dans les combles perdus avant d'être noyés dans la ouate de cellulose.

La VMC double flux à récupération de chaleur est installée dans la salle de bains. Le système récupère la chaleur de l'air extrait pour chauffer l'air entrant ce qui réduit fortement les besoins de chauffage.

Chez soi, l'eau coule souvent sans compter. Des gestes simples et des équipements performants réduisent considérablement le gâchis.

Les pertes d'eau sont considérables dans une maison qui présente des défaillances dans les installations.

LA TRAQUE AUX FUITES

C'est la première démarche sachant qu'un écoulement goutte-à-goutte peut faire dépenser plus de quatre mille litres d'eau par an ! Une chasse d'eau qui « coule » est une vraie catastrophe, la fuite n'étant pas toujours perceptible, on peut la détecter en versant du colorant dans le réservoir. Lorsque la chasse est à l'arrêt, le colorant ne doit pas marquer les bords de la cuvette. Une fuite sur un robinet est souvent occasionnée par un joint défectueux et facile à changer.

DOUCHE OU BAIN ?

Une douche « normale » ne dure que quelques minutes et consomme de 40 à 80 litres en moyenne avec un débit classique. Un bain en consomme environ 400 litres... En remplaçant la baignoire par une douche, on gagne de la place et du temps tout en économisant l'eau, et ce, d'autant plus si on s'équipe d'une pomme dite « à turbulence ».

- Le principe de la turbulence repose sur le fractionnement des gouttes de sorte qu'en consommant 8 litres par minute, on a la même sensation qu'avec 12 litres/minute. De plus, ce dispositif ralentit l'entartrage. D'autres modèles de douchettes associent des buses spéciales et l'adjonction d'air pour réduire la consommation jusqu'à 6 litres par minute (Gamme « Crometta 85 » de Hansgrohe). Des gouttes plus généreuses et plus douces entraînent une faible dépense et une sensation de confort optimale.

LES CHASSES-D'EAU

Elles utilisent environ 30 % de la consommation totale d'un foyer. On gagne donc à s'équiper d'un double débit, dispositif cohérent que chaque foyer devrait adopter. Toutefois, si le mécanisme traditionnel en place fonctionne correctement, le

1

2

3

1 Adaptable à la majorité des réservoirs, ce système à double touche permet d'économiser 30 m³ d'eau par an pour une famille de quatre personnes (« Nemo Duo » de Gébérit).

2 Équipé d'une double touche, un réservoir comme celui-ci s'adapte sur toutes les cuvettes. Il est réglé à 4,5 /9 litres ou 3/6 litres.

3 Dotée de la technologie « Ecosmart » (Hansgrohe), cette pomme de douche diffuse des bulles d'air avec les gouttes d'eau pour limiter singulièrement la consommation sans nuire au confort.

débit peut être réduit par une astuce. Il suffit de déposer une bouteille remplie et fermée au fond du réservoir sans qu'elle gêne le mécanisme. Autre solution : changer le mécanisme par un modèle universel interrompable (Gébérit), dont la hauteur est auto-ajustable.

LES ROBINETS

De modèle standard, un robinet débite au minimum 12 litres par minute. Ceux de la dernière génération sont dotés d'un système de limitation intégré. Ils comportent un « bouton » qui bloque la commande à mi-hauteur pour réduire le débit. Sur d'anciens modèles, le remplacement du mousseur par un limitateur ou un régulateur de débit réduit celui-ci jusqu'à 70 % sans perte de confort. Il est préférable de choisir un modèle qui indique le débit à la minute et non le pourcentage d'économie. L'évier et le lavabo en seront les destinataires. Les mitigeurs avec aérateur injectent des bulles d'air dans le jet, ce qui réduit le débit de moitié.

LES THERMOSTATIQUES

Ils limitent également les pertes dans la douche et dans la baignoire. La température étant préréglée, il est inutile de faire couler l'eau chaude puis l'eau froide jusqu'à ce que le mélange convienne. Il suffit de deux litres écoulés pour atteindre la température préréglée contre huit litres avec un mélangeur.

On considère qu'un mitigeur thermostatique économise ainsi jusqu'à 30 m^3 d'eau par an par rapport à un mitigeur mécanique et 50 m^3 par rapport à un mélangeur. Outre l'économie, le confort à l'usage et la sécurité sont les atouts d'un robinet thermostatique. Si d'autres utilisateurs puisent de l'eau à partir d'un autre point de distribution, la température reste constante.

Réduire le débit sous condition

Si l'eau chaude sanitaire est produite par une chaudière individuelle à gaz sans ballon d'accumulation, le débit du mousseur ne doit pas être inférieur au débit minimum qui déclenche la chaudière. Sinon, vous n'aurez plus d'eau chaude !

4

5

6

4 L'eau abondamment « aérée » procure un confort inégalé.

5 Pour équiper un robinet d'un régulateur de débit, il suffit de démonter le mousseur d'origine et de le remplacer par un régulateur adapté au débit et au besoin.

6 Les limitateurs de débit en Inox fonctionnent comme ceux en plastique, mais ils ne sont pas recommandés pour une eau très calcaire. En effet par phénomène d'électrolyse, le calcaire s'y accroche plus rapidement. Chaque modèle doit porter le débit qu'il entraîne.

GOUTTIÈRES
Matériaux

Parce qu'elle est gratuite, l'eau du ciel a toutes les raisons d'être récupérée pour les usages domestiques tels que nettoyer la voiture et la terrasse, arroser le jardin…

Reste à trouver le moyen de la récupérer et de la stocker. Une toiture de 100 m² permet de récupérer entre 50 et 70 m³/an. Le point de départ de l'installation se porte sur le choix et l'installation des gouttières qui n'existent pas sur toutes les vieilles maisons. Toutefois, les « anciens » n'ont pas bâti ces maisons sans tenir compte des écoulements de pluie. Aussi voit-on des systèmes de compensation visant à projeter l'eau à distance des façades (des génoises par exemple). L'ajout de gouttières risquerait dans certains cas de dénaturer cette architecture.

CHOISIR LE STYLE

Il est indispensable que la gouttière soit choisie en fonction du climat et de l'architecture de la maison, correctement dimensionnée et posée.

- **Les gouttières pendantes** sont supportées par des crochets fixés sur un bandeau ou sur les chevrons. Le profil arrondi est courant pour les constructions traditionnelles, les profils carrés ou moulurés en forme de corniche s'adaptent mieux aux constructions neuves.

- **Les gouttières rampantes** prennent appui directement sur le support de couverture (voliges). Elles sont situées sur le même plan que la toiture donc peu perceptibles. De profil triangulaire (avec un angle ouvert à 70 °), on l'appelle « nantaise » car elle est courante dans cette région. La gouttière « havraise » à profil arrondi accompagne souvent les toitures en ardoise ou en tuiles plates.

- **Les gouttières à l'anglaise** se posent généralement sur une corniche. Elles sont en zinc, de section demi-ronde, avec une aile plus ouverte qui se glisse sous le dernier rang de tuiles et repose sur des pieds qui assurent la pente. Les toits à la Mansart en sont les premiers bénéficiaires (les architectures hausmanniennes aussi).

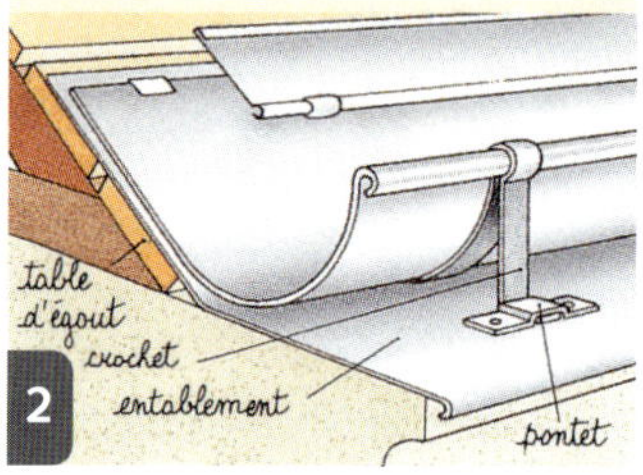

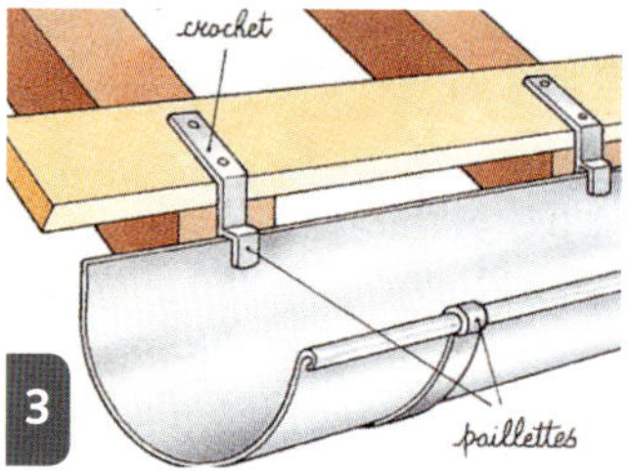

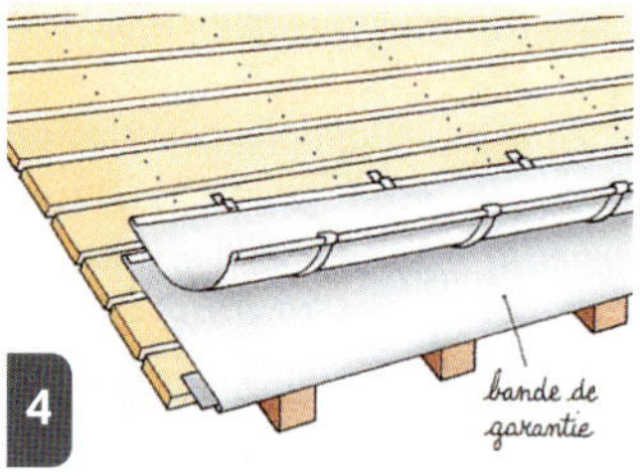

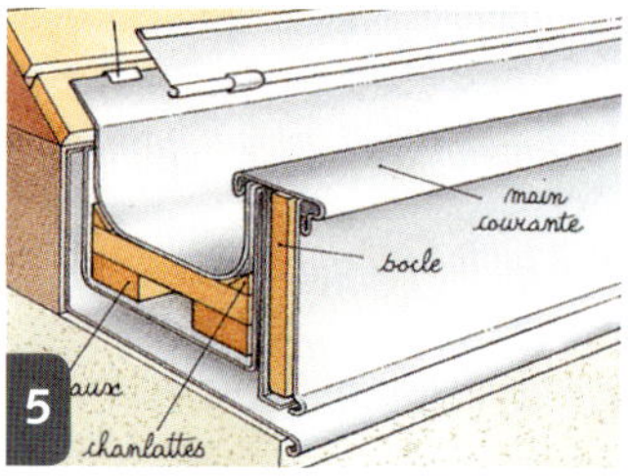

1 Les gouttières sont choisies dans un coloris qui s'harmonise au bâtiment. Le PVC en finition cuivrée (Nicoll) convient aux maisons anciennes.

2 Une gouttière à l'anglaise souvent en zinc repose sur une corniche.

3 Pendant et demi-rond, ce modèle traditionnel en zinc fait référence. C'est le plus utilisé.

4 Ce modèle de gouttière Nantaise ou de Laval est surélevé.

5 Ce chéneau posé sur une corniche est particulièrement discret.

CHOISIR UN MATÉRIAU

Entre le cuivre, le zinc, l'aluminium et le PVC, il est bon de résumer les avantages et les inconvénients pour choisir un matériau à bon escient :

- Le cuivre offre une plus-value esthétique dès lors qu'il s'agit d'un bâtiment de caractère. D'une longévité exceptionnelle il ne demande ni entretien, ni remplacement, la patine qu'il prend le protège durablement. De rouge brillant quand il est neuf, il vire au brun mat. Pour que sa couleur évolue correctement, il faut éviter de laisser des traces de doigt au moment de la pose. Le cas échéant, celles-ci seront éliminées avec un chiffon imprégné de gas-oil.

Les gouttières en cuivre valorisent les bâtiments, elles sont « increvables » dans la mesure où elles résistent à l'air marin, aux pollutions urbaines, à la corrosion et aux conditions climatiques extrêmes. Matériau recyclable, le cuivre a peu d'impact sur l'environnement. D'un coût élevé, un système d'évacuation en cuivre coûte environ 25 % de plus qu'en zinc.

Une étude préalable

Les gouttières doivent être proportionnées à la surface de la toiture et dimensionnées en fonction du climat. Leur taille dépend de la surface projetée du toit et non de la surface réelle (une toiture de 100 m² avec une pente de 50 % reçoit moins d'eau qu'avec une pente de 30 %).
Le diamètre des descentes est réduit lorsqu'elles sont multiples, ce qui les rend plus discrètes.
Un couvreur est de bon conseil pour déterminer l'emplacement des regards d'eaux pluviales (et celui des descentes) pour garantir l'efficacité du système d'évacuation et préserver l'esthétique si un dispositif de récupération doit être installé.

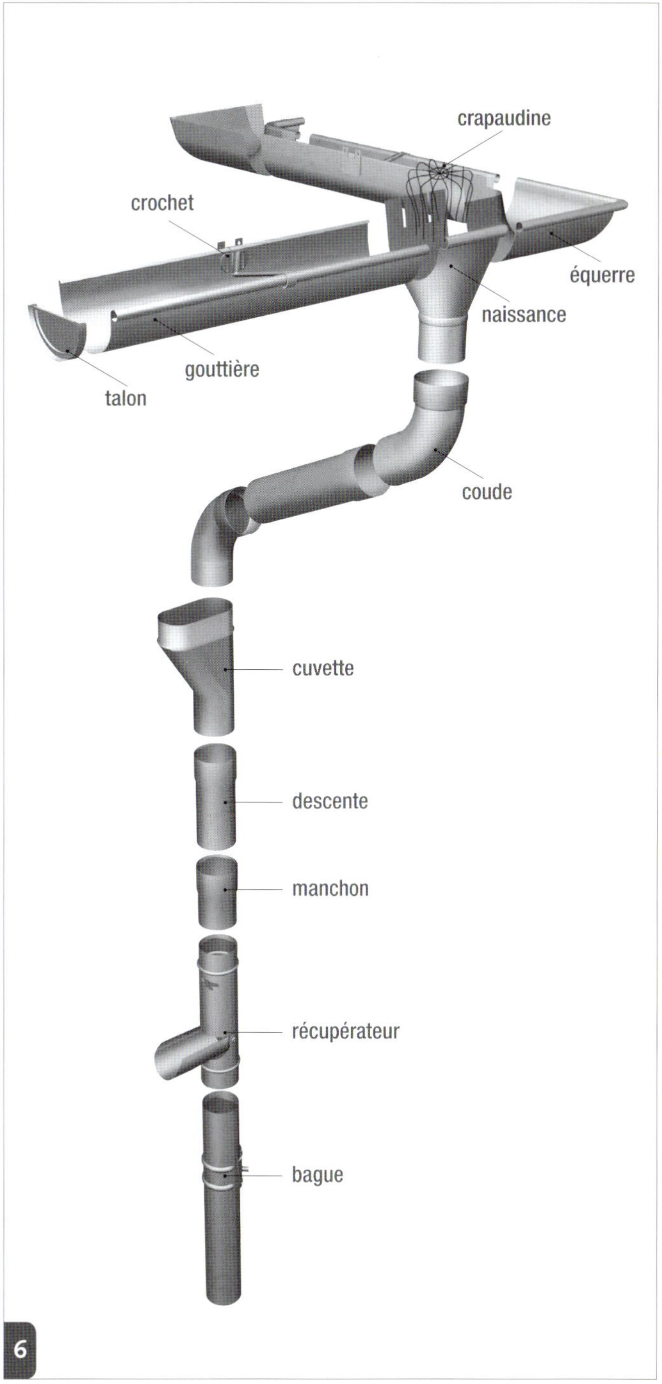

6 Un système d'évacuation d'eaux pluviales comprend différents éléments.

GOUTTIÈRES
(suite)

- **Le zinc** est très courant car il présente d'excellentes caractéristiques physico-chimiques. La couche de patine qui se forme dessus le protège contre la corrosion et lui donne un aspect définitif, inaltérable. C'est un matériau facile à mettre en forme et à souder qui s'adapte aux mises en œuvre les plus délicates. Son emploi est facilité par l'utilisation d'accessoires préfaçonnés. Les gouttières en zinc se déclinent en une multitude de formes et de dimensions standard, en finition naturelle ou prépatinée. Leur durée de vie est estimée en moyenne à 60 ans. Les soudures ne sont pas faciles à réaliser si l'on n'a pas une bonne maîtrise de la technique. Le zinc est recyclable à 100 %.

- **Le PVC** est léger et maniable, le collage ou le clipsage des éléments entre eux facilite grandement la mise en œuvre. Seules les gouttières pendantes se fabriquent en PVC. Elles s'accompagnent de multiples accessoires correspondant aux différents profils. Côté coloris, le PVC offre des choix, il imite le cuivre et le zinc, adopte des profils en forme de corniche et des descentes rectangulaires pour s'adapter à tous les styles d'architecture. En revanche, c'est un matériau sensible aux chocs par temps très froid et qui cède sous la pression de la glace. Bien que le mètre linéaire de gouttière soit bon marché, les accessoires coûtent assez cher et l'écobilan n'est pas son point fort ! Il faut compter près de 2 tonnes de pétrole pour fabriquer 1 tonne de PVC.

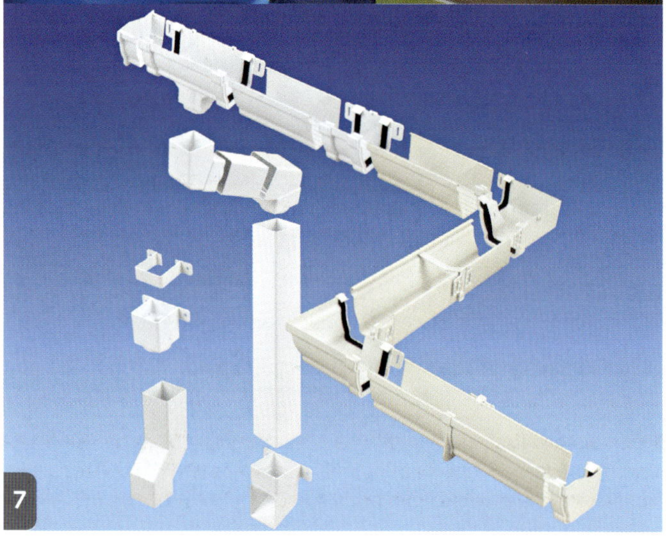

7 Ce système en PVC se monte sans collage. L'étanchéité des raccords est assurée par des joints intégrés en caoutchouc (« Stormline » de Wavin).

8 Le zinc prépatiné de ton anthracite (VM Zinc) s'accorde aux toitures en ardoise. La teinte n'évolue pas dans le temps.

L'ALUMINIUM

D'un bon rapport qualité/prix, il compose des gouttières en forme de corniche, de trapèze ou en demi-rond, sans joints. Elles se raccordent à des descentes de section rectangulaire ou ronde légèrement nervurées. Fabriquées en tôle d'aluminium prélaquée d'une épaisseur de 0,7 mm, alors que les autres éléments sont en 0,55 à 0,60 mm, ces gouttières sont souvent fixées de manière invisible soit avec des crochets intérieurs, soit par un montage spécial avec des pointes en aluminium (Alufast, Dal'Alu…).
Les profils se fabriquent directement sur le chantier au moyen d'une profileuse portable transportée par un camion-atelier. Cette technique accroît la résistance mécanique du métal. L'aluminium est un matériau stable et durable, il ne demande pas d'entretien, ni de traitement. La diversité des couleurs permet d'harmoniser le dispositif au bâtiment. L'absence de raccords facilite l'écoulement et assure une étanchéité parfaite.
Toutefois, l'aluminium n'apprécie pas la glace, ni l'appui d'une échelle. Il faut 5 tonnes de pétrole pour fabriquer 1 tonne d'aluminium, et son recyclage demande aussi beaucoup d'énergie. C'est ce que l'on appelle un mauvais écobilan.

LA TERRE CUITE

Elle répond à une tradition maintenue bien que les tuileries qui proposent chéneaux, tuyaux de descentes, dauphins, gargouilles et autres accessoires émaillés se font rares. La tuilerie Pujo perpétue cette tradition, la fabrication se fait sur commande à partir d'un plan ou d'un schéma coté.

9 Sans aucune fixation apparente, ni raccord, les gouttières en aluminium prélaqué déclinent les formes et les couleurs (Dal'Alu). Elles se fabriquent sur mesure directement sur place.

10 Le cuivre se plie à toutes les formes de gouttières réalisables en finition naturelle rouge ou prépatinée. Onéreuses, elles donnent aux bâtiments une plus-value et sont inusables.

11 La tuilerie Pujo perpétue un savoir-faire régional en fabriquant des systèmes d'évacuation d'eaux pluviales en terre cuite émaillée et des accessoires décoratifs.

RÉCUPÉRATION DE L'EAU EN SURFACE
Équipement

Diriger l'écoulement de l'eau de pluie vers un récipient extérieur est une formule simple puisqu'il suffit d'installer une dérivation sur la descente pour diriger l'eau dans le bac.

Sur le plan esthétique, le système laisse à désirer, le bac étant inévitablement collé à la maison. On doit donc tenir compte de son aspect qu'il soit en bois, en matériau synthétique, en terre cuite...
Cette eau peut servir à l'arrosage (ce qui est beaucoup plus sensé que l'eau potable) et profiter aux végétaux car elle est dépourvue de calcaire.
En cas de forte pluie, elle ne doit pas déborder du collecteur sous peine d'engorger le terrain aux abords de la maison.
La récupération des eaux de pluie «en surface» ne donne pas droit au crédit d'impôt.

- **La capacité des bacs** proposés sur le marché varie de 500 à 2000 litres. Ils sont conçus pour résister aux chocs et aux rayons ultra-violets et sont dotés d'un couvercle qui préserve l'eau de pluie des salissures.

- **Avec un robinet** déjà monté sur le collecteur, le puisage de l'eau est grandement facilité. Pourvu que le collecteur soit surélevé, pour relier le robinet à l'arrosoir via un simple tuyau.

- **Avec une pompe** spécifique immergée dans le bac et fonctionnant sur secteur, sur batterie ou alimentée par un panneau solaire, on remplit directement l'arrosoir (sans se courber) ou bien on relie directement un tuyau à la pomme d'arrosage.

1 En bois, ce bac de 400 litres se monte facilement. Le récupérateur, branché sur la descente (diam. 96 à 110 mm), est doté de deux systèmes de filtration et d'un trop-plein.

2 Un collecteur rabattable en PVC pour descente de 80 ou 100 mm de diamètre.

UNE EAU CLAIRE

Pour disposer d'une eau propre, il convient d'éviter les remous à la réception comme au puisage. L'eau doit arriver au fond de la cuve avec un flux ralenti et un système anti-remous pour ne pas relever les impuretés qui stagnent au fond. Le captage s'effectue idéalement juste sous la surface grâce à une prise d'eau équipée d'une crépine et portée par un flotteur. Quant au trop plein, on doit pouvoir le diriger vers le regard de descente.
Le collecteur de gouttière gère la quantité d'eau acheminée en fonction de la pluviosité et s'équipe d'un filtre.

Le gel est une menace

En hiver, les récipients (ou collecteurs) sont vidés car le gel peut en provoquer l'éclatement. À moins d'adapter un système qui assure un mouvement continu de l'eau.

3

4

5

6

3 Une pompe sur batterie s'avère particulièrement pratique pour remplir un arrosoir ou acheminer l'eau en continu par un tuyau muni d'une pomme d'arrosage. Grâce au tube coudé, on peut l'immerger et la suspendre dans un collecteur.

4 En forme de colonne romaine, ces réservoirs de 330 à 2000 litres existent en plusieurs coloris.

5 Imitant la terre cuite, cette jarre convient dans un environnement méditerranéen. En polyéthylène renforcé, d'une capacité de 500 litres, elle doit être attachée au mur.

6 Cette cuve d'extérieur en polypropylène haute densité est équipée d'un panneau solaire qui alimente une pompe de brassage immergée. Ce mouvement qui empêche le gel et le pourrissement préserve la qualité de l'eau, disponible tout au long de l'année. La cuve, également équipée de connecteurs d'arrosage, s'installe sur un support plan et stable et doit être fixée sur la façade (5 modèles de 2000 à 10 000 litres, Aqualogic).

RÉCUPÉRATION DE L'EAU ENTERRÉE

Mise en œuvre

Une installation enterrée engendre des travaux lourds et représente un réel investissement. Toutefois, une cuve pouvant stocker plus de 15 m³, elle peut alimenter les besoins de la maison hors alimentaire et hygiène.

Contrairement à une installation en surface, une installation enterrée ouvre droit au crédit d'impôt (25 % jusqu'en 2012).

ÉVALUATION DU STOCKAGE

Pour une famille de quatre personnes, on considère que la consommation est de l'ordre de 5 m³ environ par mois. Pour savoir si l'on peut compter sur une telle « source naturelle », on peut se renseigner à Météo France pour connaître la quantité d'eau de pluie moyenne annuelle par m² selon la région. Ce résultat multiplié par la surface de la toiture donne un chiffre pondéré par un facteur de sécurité de 0,75. En moyenne sur notre territoire, la disponibilité en eau de pluie est de 60 m³/an.

On doit également tenir compte de la répartition des pluies selon les saisons pour assurer un stockage temporaire utile en période sèche. En fonction de la région, la capacité nécessaire de la cuve se situe entre 6 et 10 m³. Le surdimensionnement n'est pas nécessaire, au contraire, le trop-plein permet d'évacuer les saletés au cours des débordements.

1

Ce système est exclusivement réservé à l'arrosage. Il comprend la cuve enterrée équipée d'une réhausse télescopique et d'un couvercle à double paroi, un panier filtrant très fin, une pompe électrique immergée ou de surface et un système d'aspiration intégré.

2

L'enfouissement d'une cuve en béton nécessite un appareil de levage qui fait souffrir le jardin. Toutefois, une cuve en béton est économique et améliore la qualité de l'eau stockée.

3

En polyéthylène, cette cuve à simple peau est vendue pré-équipée avec une réhausse ajustable en hauteur, un filtre intégré, le diffuseur tranquilisateur, le siphon d'évacuation du trop-plein et un tube d'aspiration à crépine.

4

Ces cuves toutes équipées (« Ecociter » de Plasteau) peuvent être jumelées pour augmenter la capacité de stockage. Elles sont disponibles entre 4000 et 8000 litres.

ENFOUISSEMENT DE LA CUVE

La cuve requiert différents niveaux de protection. Calée sur un fond plat, elle doit être préservée des pollutions, équipée d'un trop-plein qui évacue les rejets vers un puisard et d'un système d'aération. Le clapet anti-retour évite d'éventuelles contaminations, le siphon empêche les remontées d'odeurs et une grille anti-rongeurs, les intrusions.

- **Les cuves en polyéthylène** résistent aux chocs et au gel (bien qu'il gèle rarement en profondeur). L'eau y est maintenue à température basse et à l'abri de la lumière, ce qui la conserve d'autant mieux.

- **Les cuves en béton** présenteraient l'intérêt de corriger l'acidité naturelle de l'eau de pluie grâce aux sels minéraux qui proviennent naturellement des parois. Ces cuves très lourdes se manipulent avec une grue.

PRINCIPE DE FONCTIONNEMENT

L'eau provenant du toit rejoint la cuve par les gouttières reliées à des canalisations. Elle est filtrée sur son parcours d'abord en sortie de gouttière puis par un filtre autonettoyant et éventuellement un bac de décantation. Elle arrive dans la cuve équipée d'un sas qui la diffuse en douceur pour l'oxygéner et ne pas remuer les dépôts.

Un système d'aspiration flottant prélève l'eau en surface car elle y est plus propre qu'au fond, pour rejoindre un réseau de canalisation intérieure séparé de celui de l'eau potable. L'eau claire alimente le lave-linge et les toilettes. Sa propreté apparente ne doit pas faire oublier qu'elle peut contenir des bactéries, pour cette raison, elle n'est pas consommable ni utile à l'hygiène.

- **L'installation** est jumelée à un dispositif de pompage qui comprend une pompe fixe à gestion électronique et un système de pilotage qui gère le basculement automatiquement eau de pluie/eau de ville en cas de réservoir vide. L'eau de pluie ne doit jamais pouvoir rejoindre le réseau d'eau public.

LES CUVES DE CAVE

Les récupérateurs d'eau de pluie compacts peuvent s'installer dans une cave. Chaque système se compose d'un module de base équipé d'un tuyau d'entrée à flux contrôlé et d'un raccordement de sortie. Leur format est prévu pour passer dans des portes de largeur standard. Ces systèmes évolutifs sont conçus pour associer plusieurs modules en fonction des besoins.

5

Une installation basique pour le jardin et le lave-linge. L'alimentation des WC requiert une filtration plus élaborée, une station de pilotage eau de pluie/eau de ville, un système de soutirage à crépide et un clapet anti-retour.

6

Équipée soit d'un enrouleur automatique du tuyau d'arrosage, soit d'une sortie double, cette cuve peut, selon le modèle, se raccorder à la maison. Capacités disponibles, de 1600 à 6000 litres (Juncus Agriline).

Potable ou non?

Il est possible de rendre l'eau de pluie stockée potable si elle transite par un filtre constitué d'une cartouche en céramique associée à un filtre au charbon actif pour éliminer les virus, les pesticides et autres métaux lourds. La maintenance qui doit être très rigoureuse consiste à remplacer les filtres au bon moment et à surveiller régulièrement la qualité de l'eau par des analyses. La DDASS déconseille ce service supplémentaire devant les risques qu'il représente.

ÉCLAIRAGE ÉCONOMIQUE
Équipement

L'époque n'étant plus aux gâchis, il est temps d'équiper les luminaires d'ampoules à économie d'énergie de longue durée. D'ailleurs, la disparition progressive des lampes à incandescence nous y contraint.

Le choix de ces nouvelles ampoules peut s'avérer embarrassant d'autant qu'elles coûtent cher. À l'heure actuelle, le renouveau se résume à trois types de sources lumineuses.

LES LAMPES FLUOCOMPACTES

Elles dégagent environ 20 % de chaleur et 80 % de lumière (à titre de comparaison, une lampe à incandescence dégage 95 % de chaleur et 5 % de lumière). Elles intègrent un starter pour déclencher l'allumage et un ballast qui joue sur l'instantanéité. Leur forme et leur taille permettent d'équiper pratiquement tous les luminaires d'autant qu'elles sont munies de culots standard. Côté puissance, ces lampes se déclinent de 4 à 80 Watts et leur durée de vie dépasse les quinze mille heures. Comparées aux lampes à incandescence, à qualité de lumière équivalente, elles font économiser au maximum 15 % d'énergie leur durée de vie est huit à dix fois plus longue.

Pour choisir, il faut connaître les équivalences entre ces deux types d'ampoules.

Fluocompacte	Incandescente
9 Watts	30 Watts
11 Watts	40 Watts
15 Watts	60 Watts
20 Watts	75 Watts
23 Watts	100 Watts

- Les fluocompactes à économie d'énergie sont polluantes à cause des vapeurs de mercure qu'elles contiennent. Elles constituent un déchet dangereux pour l'environnement et nécessitent une élimination particulière surtout si elles « claquent » avant leur fin de cycle initialement prévu (les vapeurs de mercure sont beaucoup plus faibles dans les ampoules en fin de vie, elles en contiennent cinq fois moins qu'une pile de montre).

1

2

3

1 Les lampes fluocompactes évoluent vers la miniaturisation. Elles se dotent de culots classiques E 14 et E 27 (Osram).

2
A Cette lampe fluorescente de 11 Watts est phosphorescente une fois éteinte (Megaman).
B Une puissance de 12 Watts pour ce modèle à culot E 14. Durée de vie 8 ans (« Softone Energie Saver » de Philips).
C Sa forme en flamme convient aux appliques murales. Puissance 9 Watts (Megaman).

3 Lampe halogène à économie d'énergie de 30 %. Elle consomme 42 Watts et en restitue 60 (Philips).

Comme il est interdit de s'en débarrasser dans les poubelles ménagères, elles doivent être recueillies dans tous les magasins qui les fournissent pour être gérées ensuite par l'éco-organisme Recyclum, unique structure agréée en France pour traiter ces lampes.
Seuls des modèles de grandes marques doivent être achetés, ceux qui sont importés d'Asie sont à éviter car ils sont fabriqués dans des conditions environnementales et sociales douteuses.

- Les lampes fluocompactes produisent de faibles champs électromagnétiques pouvant perturber la santé et l'environnement, et génèrent des rayonnements radioélectriques qui perturbent les équipements de radiocommunication. C'est aussi pourquoi il est déconseillé de les utiliser en éclairage de chevet et en lampe de bureau.
Compte tenu du vieillissement accéléré de ces lampes lors d'allumages fréquents, elles conviennent dans les lieux où l'on reste. Exclus donc les toilettes, couloirs et intérieurs de placards.

L'HALOGÈNE À ÉCONOMIE D'ÉNERGIE

Pour les adeptes de ce type d'éclairage, des lampes halogènes à économie d'énergie existent sous différentes formes. Elles consomment de 30 à 50 % de moins que les halogènes classiques.

LES LAMPES À LED

Ces lampes (Light Emitting Diode) ne comportent pas de filament. Lorsqu'elles sont supérieures à 6 Watts, elles dégagent une forte chaleur. Tout l'enjeu actuel est de savoir la maîtriser.
Les radiations lumineuses sont générées par des circuits électroniques (et non des gaz chimiques). Un dispositif semi-conducteur (diode) émet directement la lumière au passage du courant. Leur avantage principal est de produire de la lumière avec une très faible tension avec un bon rendement lumière/énergie. Elles durent longtemps (100 000 heures) en supportant un nombre de cycles marche/arrêt très élevé.
Contrairement aux lampes fluorescentes dont le spectre est discontinu, émettant beaucoup de vert, les LED ont un spectre continu identique à la lumière du jour. Il en existe des « ambrées » dont la couleur plus chaude ressemble à celle des lampes à incandescence.
Actuellement, les LED coûtent cher et leur efficacité lumineuse est très moyenne, c'est une technologie en pleine évolution.
À l'avenir, ces lampes devraient remplacer toutes les autres et en particulier les fluocompactes à économie d'énergie.

4 À économie d'énergie de 50 %, cette lampe halogène est utilisable avec un variateur. Elle consomme 20 Watts et en restitue le double.

5 Une petite flamme de 40 Watts pour 28 Watts consommés.

6 Lampe halogène de 100 Watts pour luminaires classiques.

ÉCLAIRAGE ÉCONOMIQUE (suite)

7

8

UN LANGAGE À DÉCHIFFRER

Sur les emballages, un certain nombre d'indications constituent une aide au choix :

- **L'efficacité lumineuse** exprimée en lumen/Watt (lm/W) établit le rapport entre la quantité de lumière émise par une lampe et sa puissance électrique. Plus cette efficacité est grande, plus la lampe émet de lumière pour une même quantité d'énergie consommée. On peut ainsi connaître l'équivalence entre une lampe à économie d'énergie et une lampe à incandescence.

- **La température de couleur** exprimée en Kelvin (K) donne le ton plus ou moins chaud de la lumière émise. Plus le chiffre est bas, plus la lumière est chaude. De 2 700 K à 4 000 K pour les fluocompactes. À titre de comparaison, la lumière du jour atteint 6 400 K, la flamme d'une bougie, 1 850 K.

- **L'indice de rendu des couleurs** (IRC) qualifie le respect des couleurs. Entre 90 et 100, il est excellent, entre 80 et 90, il est correct, entre 70 et 80, il est très moyen.

Les deux dernières données sont exprimées sous forme de code, exemple « 827 » équivaut à 8 pour un IRC de 80 et 27 pour une température de couleur de 2 700 K.

9

10

7 Ampoule à LED de 3 Watts (15 Watts classiques) pour intérieur et extérieur.

8 Ce spot LED a une durée de vie estimée à 25 000 heures. Puissance 6 Watts (25 Watts classiques).

9 Cette lampe LED diffuse une lumière bleue. Puissance 1,2 Watts.

10 Une apparence classique pour cette lampe LED à éclairage de 20 Watts et consommation de 1,7 Watts.

11 L'éclairage avec des lampes à économie d'énergie s'adapte à tous les types de luminaires.

11

Bien qu'elle se développe dans le neuf, la basse consommation est possible en rénovation pourvu de s'en donner les moyens.

Dans une maison traditionnelle, on consomme en moyenne 240 kWh/m² par an, contre 80 kW/m² par an dans une maison basse consommation (elle peut être labellisée BBC) et encore moins dans une maison passive : 15 kW/m² par an. C'est dire l'enjeu d'une telle rénovation, mais que d'économies à terme et quel confort !

UNE TENDANCE À DÉVELOPPER

La région Rhône-Alpes lance un appel à projets « 100 réhabilitations basse énergie », et joue un rôle moteur dans l'accompagnement des particuliers. Reste à trouver des entrepreneurs compétents et fiables.

À chaque bâtiment, sa solution sachant que l'architecture du bâtiment doit être respectée. Entre une maison de caractère et un pavillon des années 1950, la démarche ne sera pas la même, à commencer par le choix de l'isolation, par l'intérieur dans le premier cas pour préserver la façade, par l'extérieur dans le second pour en moderniser l'apparence.

UNE ISOLATION DE HAUT NIVEAU

L'isolation thermique de toutes les parties de la maison (son enveloppe) et l'étanchéité sont à considérer en premier lieu. Elle concerne les murs, le plancher bas, le toit, les menuiseries. Un bâtiment hautement isolé impose un système de ventilation, la préférence étant accordée à la VMC double flux. Les triples vitrages ou des doubles vitrages à isolation renforcée s'imposent comme une évidence.

LE REMPLACEMENT DES ÉQUIPEMENTS

La chaudière et le système de production d'eau chaude sanitaire doivent être revus. En toute logique, on optera pour une ou des énergies renouvelables jumelées avec des appareils de la dernière génération car ils ne cessent de se perfectionner.

Il est généralement conseillé d'installer un chauffe-eau solaire, ou un ballon thermodynamique qui permet de réduire au minimum de moitié les consommations d'énergie pour la production d'eau chaude sanitaire.

1

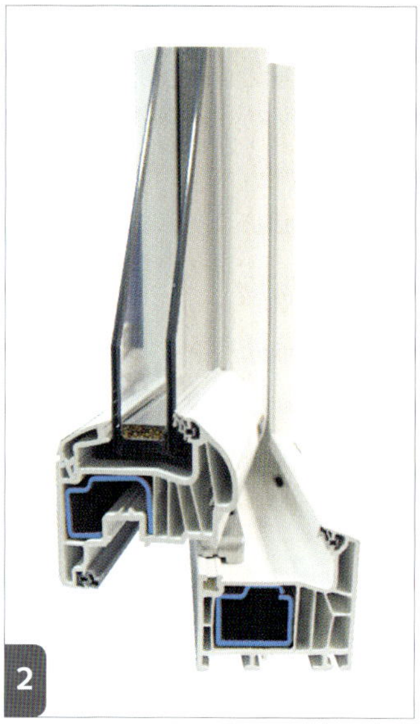

2

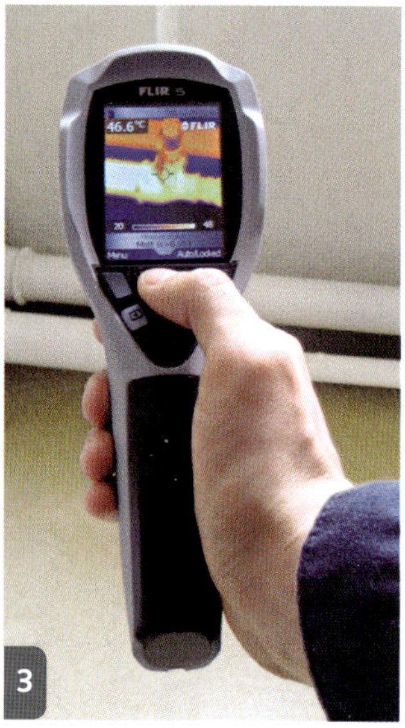

3

1 La basse consommation n'est pas réservée aux maisons neuves. Ce bâtiment construit dans les années 50 en bénéficie. Le bâti qui a été conservé a changé d'aspect. Un projet suivi par Minergie.

2 Un double vitrage à isolation renforcée (ITR) suffit à atteindre le niveau BBC. Les vitrages se caractérisent par le coefficient Ug (plus il est faible, plus l'isolation thermique est performante), le facteur solaire (pourcentage d'énergie solaire que laisse entrer le vitrage) et la transmission lumineuse (pourcentage de lumière que laisse entrer le vitrage) (Modèle Tryba).

3 La thermographie est utile pour réaliser un diagnostic thermique d'une maison. Elle identifie toutes les défaillances de l'isolation thermique et celle des pertes d'énergie par les menuiseries. Les tests sont réalisés avec une caméra infrarouge (« i5 » de Flir).

Un label de référence

Les résistances thermiques imposées par l'association Effinergie pour atteindre le niveau du label BBC sont les suivantes :
Toiture : R = 6,5 à 10 m².K/W
Murs : R = 3,2 à 5,5 m².K/W
Sol sur terre-plein : R = 2,4 à 4 m².K/W.
Sol sur vide sanitaire : R = 3,4 à 5 m².K/W.
Rappelons qu'un matériau est d'autant plus isolant que sa résistance thermique R est élevée.

TRANSFORMATION EXEMPLAIRE
Matériaux

Voici une maison vieille de trois siècles transformée dans les règles de l'art. Elle consomme actuellement moins d'énergie qu'une maison neuve construite selon les directives de la réglementation thermique 2005.

Ce haut niveau de performance a été atteint sans dénaturer l'architecture régionale de la maison, dont le charme intact résulte de la conservation de ses murs en pierres apparentes, de son toit en tuile canal et de ses trois rangs de génoise.

La rénovation a été menée en plusieurs étapes sous l'égide des propriétaires accompagnés par le Ceder (Centre pour l'Environnement et le Développement des Énergies Renouvelables) dans le cadre de l'appel à projets lancé par la région Rhône-Alpes : « 100 maisons basse énergie ».

UNE ISOLATION RÉFLÉCHIE

Dans cette maison non isolée de 218 m^2 répartis sur trois niveaux, la consommation de chauffage était de 227 kWh/m^2 par an. Elle est aujourd'hui de 85 kWh/m^2 par an, un véritable bond à reculons !

- **L'isolation des murs par l'intérieur** a été réalisée pour préserver la façade. Lors du choix de l'isolant, deux critères ont été retenus : la performance et le prix. La laine de verre est choisie pour les combles et les murs (« Monospace 35 » d'Isover Saint-Gobain). Elle présente l'avantage d'une mise en œuvre facilitée par sa présentation en panneaux roulés semi-rigides, en 160 mm d'épaisseur (R = 4,55 m^2.K/W). Au final, le choix d'un isolant économique a permis de dégager un budget plus important que prévu pour traiter les ponts thermiques.

- **Isolant et contre-cloison.** La laine de verre est posée dans le sens horizontal des murs. En partie haute, une couche complémentaire est ajoutée pour corriger le fruit du mur et établir une planéité de l'isolant et le remplissage sous l'habillage. Les murs exposés au nord étant plus sensibles au froid et au mistral, l'épaisseur de l'isolant est portée à 20 cm.

Des contre-cloisons en briques plâtrières de 5 cm d'épaisseur montées devant les murs sont revêtues d'un mortier d'accrochage sable et chaux sur lequel l'enduit de finition à la chaux aérienne mélangée à du sable blanc est taloché.

1 Cette maison de caractère traditionnel offrait un confort vétuste auquel s'ajoutaient des pertes d'énergie élevées. Il convenait de la rénover sans dénaturer son apparence.

2 Des travaux lourds menés en plusieurs étapes ont transformé radicalement le confort intérieur et réduit la facture de chauffage de manière spectaculaire.

3 Dans la loggia d'origine, le plafond intermédiaire a été supprimé cédant la place à une vraie véranda. Les profilés marient le bois à l'intérieur et le métal à l'extérieur pour convenir au style. Les piliers sont isolés avec de la laine de verre et le plafond, avec de la laine de roche.

LES APPORTS SOLAIRES PASSIFS

Exposée plein sud, la véranda fait office d'entrée principale de la maison. Cet espace non chauffé, mais bien isolé permet de profiter à plein des apports solaires durant l'hiver (énergie gratuite).

Les menuiseries fines équipées de double vitrages 4/10/6 en partie basse (pour la sécurité des personnes en cas de chocs) et 4/12/4 en partie haute isolent suffisamment du froid pour que la famille prenne ses repas la plus grande partie de l'année dans cet espace lumineux.

Une belle épaisseur de laine de bois isole le plafond (20 cm), elle est recouverte d'un pare-vapeur et d'un lambris en pin des Landes. La véranda étant une zone tampon, il a été inutile d'isoler le mur intérieur qui s'ouvre sur le salon ce qui a permis de conserver la cheminée d'époque.

DES FENÊTRES SUR MESURE

Les fenêtres sont en bois, équipées de double-vitrages peu émissifs à gaz argon (4/16/4), et posées avec un double joint d'étanchéité intérieur et extérieur.

- **Le retour des fenêtres** est isolé avec 5 cm de polystyrène, matériau choisi pour sa rigidité qui évite les risques de compression. Il est maintenu contre le mur par un treillis métallique de type « Nergalto » (Le Métal Déployé), lui-même fixé au mur par des chevilles à frapper en plastique à rondelle.

- **Le raccord entre l'isolant et le dormant** est assuré par un ruban adhésif spécial (« Tescon n°1 » de Pro Clima). Le treillis constitue un support pour l'enduit décoratif à la chaux. La jonction entre le mur et le treillis est réalisée au plâtre.

UNE TOITURE SOUS HAUTE PROTECTION

Pas moins de 16 cm de laine de verre en deux couches croisées ont été posés sur une fausse charpente créée sous la charpente existante, soit une résistance thermique R = 8,10 m^2.K/W.

L'étanchéité à l'air est assurée par un freine-vapeur hygro-régulant (« DB+ » de Pro Clima) qui est fixé sur le bâti et raccordé entre lés par un ruban adhésif (« Contega PV » de Pro Clima).

4 Pour produire l'eau chaude sanitaire, deux capteurs solaires sont installés sur le toit, ce qui représente une surface de 5 m^2. Ils sont orientés au sud et inclinés à 30°. Les tuiles d'origine ont été replacées sur un panneau support résistant et étanche (« Soutuile FR Natura » d'Eternit).

5 Orientée au sud, la terrasse couverte est chauffée par le soleil. Les poteaux ont été enrobés de laine de verre maintenue par un treillis métallique sur lequel est appliqué un enduit hydraulique.

6 La terrasse est fermée par des menuiseries en acier habillées de chêne à l'intérieur. Les doubles vitrages peu émissifs font barrage au froid et renvoient la chaleur vers l'intérieur.

LE PLANCHER BAS SURÉLEVÉ

Pour supprimer 16 % de déperditions de chaleur par le plancher bas, la dalle a été isolée avec des panneaux en mousse de polyuréthane rainurés-languetés (« TMS MF » d'Efisol). Ils se présentent en format de 100 x 120 cm, les assemblages emboîtés suppriment les ponts thermiques. En deux couches superposées de 6 cm chacune, on obtient une résistance thermique R = 5,2/m².K/W.

DES PONTS THERMIQUES EN MOINS

À la liaison entre le plancher bas et le mur, une bande de rive (« Efirive » d'Efisol) sépare la chape flottante de l'étanchéité périphérique, elle remonte jusqu'à la hauteur finie du sol. À l'étage, le mur de refend a également été désolidarisé du mur extérieur, ces « coupures » évitent les ponts thermiques.

LA VENTILATION

Le choix s'est porté sur une VMC double flux à récupération de chaleur (« Dee Fly » d'Aldès) installée dans les combles. Les gaines de ventilation cheminent dans le plafond et les murs. L'insufflation de l'air selon un débit de 125 m³/heure est assurée par des bouches à débit régulé qui équilibrent le réseau.

UN CHAUFFAGE AU BOIS

Le chauffage à bois a été préféré à tout autre système car c'est un combustible bon marché et écologique. La chaudière automatique à granulés de 20 kW, d'un rendement supérieur à 93 % (« Pellematic » d'Ökofen), remplace l'ancienne chaudière au fioul. Elle est installée dans la cave et alimentée par une vis sans fin reliée à un silo également installé dans la cave. La chaudière alimente un réseau de radiateurs en acier équipés de robinets thermostatiques (Grundfos). Par ailleurs, un poêle à bûches de 8 kW d'un rendement supérieur à 70 % assure un complément de chauffage.

DES CAPTEURS SOLAIRES

La production d'eau chaude sanitaire est assurée par deux capteurs solaires plans (Sonnenkraft) installés en surimposition sur la toiture en tuile canal. L'eau chaude est stockée dans un ballon d'accumulation de 300 litres avec une température de consigne de 55° C. C'est donc le soleil qui assure la totalité des besoins en eau chaude entre mars et octobre. Le reste de l'année, la chaudière à bois prend le relais.

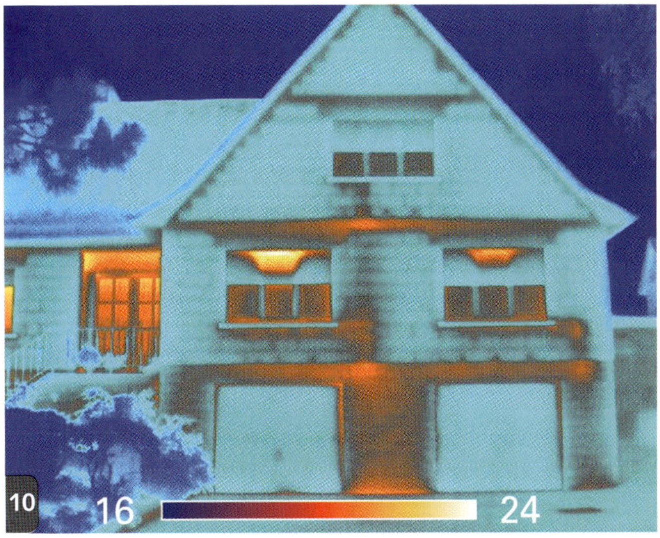

7 La surépaisseur du plancher est due à la pose de deux couches de panneaux isolants en mousse de polyuréthane.

8 La chaudière à granules, le ballon d'eau chaude sanitaire et le silo ont été installés dans la cave. Toutes les canalisations sont calorifugées.

9 Le poêle à bois complète le chauffage et s'utilise essentiellement en mi-saison. L'évacuation des fumées s'effectue par le conduit d'une ancienne cheminée dont le manteau est conservé.

10 Toutes les déperditions thermiques sont détectées par la caméra infrarouge. Un outil indispensable pour réussir une rénovation.

Une maison passive consomme si peu d'énergie qu'elle peut se passer d'un chauffage traditionnel. C'est possible en rénovation !

Datant du XIIIe siècle, cette maison située au nord de la France (donc en région plutôt froide) a bénéficié d'une rénovation de haut niveau qui lui vaut la certification « Passivhaus » (label allemand délivré en France par La Maison Passive France et en Belgique par La Plate-Forme Passive Maison). Sa consommation de chauffage (exprimée en énergie finale) est inférieure à 15 kWh m^2 an, la perméabilité à l'air, inférieure à 0,6 $m^3/h.m^2$ et sa consommation totale d'énergie (exprimée en énergie primaire), inférieure à 120 kWh m^2 an.

ISOLATION PAR L'INTÉRIEUR

L'isolation par l'extérieur n'étant pas autorisée par la municipalité à cause de l'empiètement du bâtiment sur la rue, l'isolation par l'intérieur a été choisie et réalisée avec de la ouate de cellulose (Isofloc).
La ouate en flocons remplit le vide entre les murs du bâtiment construits en moellons et en briques et une contre-cloison.

- **La contre cloison** est constituée d'une ossature en poutres composites de 24 cm d'épaisseur ayant la forme d'un « I » (« TJI » de Trust Joist) et d'un parement en panneaux de fibres de bois de 6 cm d'épaisseur. En finition, une couche d'argile de 1 cm d'épaisseur et un enduit fin à l'argile de 2 mm d'épaisseur (« Claytec » de AkTerre) recouvrent le bois.

- **L'isolant** sous forme de flocons est insufflé entre les poutres en remplissant intégralement la lame d'air.

- **Un freine-vapeur hygrorégulant** assure l'étanchéité à l'air et la diffusion des vapeurs d'eau (« Intello » de Pro Clima). Il est interposé entre l'isolant et le parement en panneaux de fibres de bois.

SUPRESSION DES PONTS THERMIQUES

Contrairement à l'isolation par l'extérieur, l'isolation par l'intérieur ne permet pas de supprimer les ponts thermiques à la jonction des façades et des planchers. Sauf si on réalise comme ici, des modifications structurelles. Elles ont imposé de sectionner les solives que portaient les murs extérieurs pour les faire reposer sur

1 L'extension qui a été construite est fermée par un mur-rideau en lamellé-collé et triple vitrage certifié passif. Les profilés de 6 mètres de longueur maintiennent les vitrages par des pare-closes en aluminium à l'extérieur.

2 Un simple poêle à granulés chauffe l'eau sanitaire quand le solaire n'assure pas les besoins et apporte un complément de chauffage dans la pièce. Au-dessus, une bouche de soufflage de la VMC à lames orientables est encastrée dans le mur.

des poteaux en pin Douglas. L'isolant et la membrane freine-vapeur traversent ainsi tous les planchers en continu, du rez-de-chaussée jusqu'à la toiture. L'isolation intérieure ne comporte donc plus aucune rupture, la résistance thermique des murs atteint 7,6 m^2.K/W.

LES PIGNONS MITOYENS

Ils ont été isolés selon le même principe avec 9 cm de ouate de cellulose qui joue à la fois un rôle d'isolant thermique et acoustique. La membrane freine-vapeur est quant à elle fondamentale pour garantir l'étanchéité à l'air de la maison, et préserver des méfaits de la condensation, son efficacité est d'ailleurs mesurée pour obtenir la certification « Passivhaus ».

ISOLATION DU PLANCHER BAS

Entièrement refait pour répondre aux besoins de la certification Maison Passive, le plancher bas est constitué de panneaux de fibrociment de 18 mm d'épaisseur qui bloquent 24 cm de ouate de cellulose insufflée entre la poutraison (seul élément d'origine ayant été conservé). L'isolant est revêtu de panneaux en Triply (Isoroy) de 22 mm d'épaisseur fixés sur les solives, puis d'un isolant acoustique de 5 mm d'épaisseur sous une chape de mortier de ciment de 6 cm. Dans certaines parties de la maison, du carrelage a été posé. Dans les autres, du parquet le remplace, il est associé à un support en panneaux de fibres de bois de 4 cm d'épaisseur fixés sur le Triply. La résistance thermique R du plancher atteint 9,5 m^2.K/W.

PUITS CANADIEN ET VENTILATION

La très bonne étanchéité à l'air de la maison impose une ventilation performante. Un système de VMC double flux à récupération de chaleur (Lemmens) a été installé dans une pièce technique à l'intérieur du volume chauffé et raccordé à un puits canadien (Rehau).

Les gaines de ventilation circulent sous le plancher du premier étage surélevé pour l'occasion et dans les cloisons. La centrale de ventilation alimente en air neuf trois zones via des batteries raccordées au ballon solaire qui préchauffe l'air soufflé.

Creusé dans le jardin, le puits canadien se compose de 47 mètres de canalisations en polyéthylène (avec une couche interne en étain pour ses propriétés bactéricides). En été, il joue un rôle de climatiseur pour éviter la surchauffe de la maison. Pris dans le jardin, l'air neuf entrant peut être tempéré avant d'arriver dans le bâtiment. Le phénomène joue en été (l'air est refroidi) et en hiver (l'air arrive réchauffé). Ce système n'est valable qu'en région à forts écarts de température entre les saisons.

3

4

3 Tous les ouvrants certifiés passifs ont une étanchéité à l'air assurée par une bande adhésive (« Tescon profil » de Pro Clima).

4 Les capteurs solaires installés au sud ont une surface de 9 m^2. Ils sont orientés à 55° pour optimiser la production d'eau chaude en hiver.

QUAND LE CHAUFFAGE DEVIENT INUTILE (suite)

CAPTEURS SOLAIRES ET POÊLE À BOIS

La production d'eau chaude sanitaire (ECS) est assurée par quatre capteurs solaires (Consolar) de 9 m^2 installés en façade sud sur un châssis orienté à 55° pour optimiser le rendement en hiver. En été, ces panneaux font office de brise-soleil.

L'eau chaude est stockée dans un ballon tampon de 850 litres, placé à côté de la VMC. La production d'eau chaude est instantanée : ce n'est pas l'eau du ballon qui est soutirée, mais l'eau de ville qui est réchauffée par l'intermédiaire d'un échangeur de chaleur en fonction des besoins.

Le ballon sert également à chauffer, via trois batteries, l'air neuf insufflé dans la maison.

- Quand la température du ballon est insuffisante, la régulation met en route un poêle à granulés («Idrofox» de Edilkamin) qui prend le relais. D'une puissance modulable de 2 à 12 kW, ce poêle installé dans le salon sert pour 85 % à la production d'eau chaude et 15 % pour le chauffage, les besoins en chauffage étant quasiment nuls.

- Deux sèche-serviettes seulement

Les seuls émetteurs de chaleur de la maison sont des radiateurs sèche-serviettes installés dans les salles de bain. Ils sont alimentés en eau chaude par le ballon tampon, donc chauffés soit par le solaire soit par le poêle à bois.

Pour le chauffage de la maison, le besoin d'énergie est passé de 330 kWh/m^2.an à 7 kWh/m^2.an

Installations complémentaires

Les économies d'énergie concernent aussi les portes et les fenêtres. Toutes les baies vitrées sont équipées de triples vitrages à couche peu émissive (Raico) et certifiés «passifs», comme les portes.

Les ampoules à incandescence ont été remplacées par des LED qui limitent les apports de chaleur en été.

L'eau de pluie est récupérée et stockée dans cinq cuves de 750 litres («Aqua-block» de Schütz France) installées dans la cave. Elle alimente le lave-linge, les wc et l'arrosage du jardin. L'eau nécessaire au lave-linge est chauffée par le chauffe-eau solaire.

5 La VMC double flux à récupération de chaleur est installée dans le volume chauffé. La centrale de ventilation alimente 3 zones en air neuf, via des batteries de chauffage raccordées au ballon solaire. Ces batteries permettent de préchauffer l'air soufflé dans la maison. La température de chaque zone se règle avec un thermostat.

6 Pour éviter les désagréments, ce n'est pas l'eau du ballon qui est soutirée, mais l'eau de ville, réchauffée par l'intermédiaire d'un échangeur de chaleur en fonction des besoins.

Zaegel-Held : 03 88 49 97 29 - www.zaegel-held.com
Okofen : 04 79 65 01 71 - www.okofen.fr
Atlantic : 0 810 485 485 - www.atlantic.tm.fr
Piazzetta : 04 70 56 16 80 - www.seguin.fr
Seguin : 04 70 56 16 80 - www.seguin.fr
Ruegg : 03 88 54 10 60 - www.ruegg-cheminee.com
Euro Énergies : euro-energie.com
SER : 01 48 78 05 60 - www.enr.fr
ANAH : 0820 15 15 15 - www.anah.fr
Flamme verte : www.flammeverte.org
Tulikivi : 01 40 21 25 65 - www.tulikivi.com
Supra : 03 88 95 12 00 - www.supra.fr
Atelier Céramique Régnier : 03 21 30 30 90 - www.ceramique-regnier.fr
Dovre : 04 90 53 60 82 - www.dovre.fr
Invicta : 03 24 27 71 71 - www.invicta.fr
Focus : 04 67 55 01 93 - www.focus-creation.com
Godin : 03 23 05 70 00 - www.godin.fr
Hase : 03 89 21 57 70 - www.hase.fr
De Dietrich : 0 825 120 520 - www.dedietrich-thermique.fr
Axter : 8, avenue Félix d'Hérelle, 75016 Paris - 01 46 09 39 85 - www.axter.fr
Isoroy : 03 86 94 45 42 - www.isoroy.fr
Lafarge Platres : 0 825 07 77 09 - www.lafarge-platres.fr
Rais : 24, rue Berthollet 75005 Paris - 01 45 35 23 15 - www.rais.com
Poujoulat : 0 825 32 83 29 - www.poujoulat.fr
Stuv : www.stuv.com
Roockwool : 01 40 77 82 82 - www.roockwool.fr
Placoplatre : 01 46 25 46 25 - www.placo.fr
Aldès : www.aldes.fr
Velux : 0 821 02 15 15 - www.velux.fr
Nather : ZI Grangeneuve, 375 rue Jean-Rostand, 26800 Portes-lès-Valence - 04 75 57 97 00 - www.nather.fr
Réhau : www.rehau.fr
Technichem : 01 41 51 11 83 - www.technichem.fr
Domosystem : 5, rue Le Brun, 75013 Paris - www.domosystem.fr.
Onduline : www.onduline.fr
Dip : www.dipetanche.fr
Sika : 01 53 79 79 00 - www.sika.fr
Murprotec : ZI Est, 4, rue Bourgelat, BP 32, 62051 Saint-Laurent-Blangy Cedex - www.murprotec.fr
Tuilerie Pojo : Avenue du Languedoc, 66170 Saint-Feliu-d'Avall - 04 68 57 82 27 - www.tuilerie-pujo.fr
Saint-Gobain Glass : 0 820 81 08 20 - www.saint-gobain.com
Doerken : BP 22107, 68059 Mulhouse Cedex 2 - 03 89 56 90 09 - www.doerken.fr
Fema (2IP) : 1c, rue Foch 67450 Mundolsheim - 03 88 18 36 95 - www.2ipfrance.com
Isover Saint-Gobain : 0 825 00 01 02 - www.isover.fr - www.toutsurlisolation.com
Parexlanko : 0 826 08 68 78 - www.parexlanko.com
CSTB : 01 40 50 28 28 - www.cstb.fr
Construire au Naturel : ZA Veurey, rue de la Cuche, 38113 Veurey-Voroize - 04 38 02 03 48 - www.construireaunaturel.com
Isoroy : 03 86 94 45 42 - www.isoroy.fr
Nature-Énergie : 10 avenue du 22 Août 1944, Lieu-dit La Gare, 38350 La-Mure-d'Isère - 04 76 30 77 94 - www.nature-energie.fr
Homatherm : www.homatherm.de
Alufast : 47110 Sainte-Livrade-sur-Lot - 05 53 41 91 91
Dal'Alu : 5, rue Balambits, BP 8, Beautiran - 05 56 67 40 40 - www.dalalu.fr
Nicoll : BP 966, 37, rue Pierre-et-Marie-Curie, 49309 Cholet Cedex - 02 41 63 73 83 - www.nicoll.fr.
VM Zinc : 40, rue Jean-Jaurès, 93176 Bagnolet Cedex - 01 49 72 42 42 - www.vmzinc.fr
Wavin : BP 5. ZI La Feuillouse, 03150 Varennes-sur-Allier - 04 70 48 48 48 - www.wavin.fr
KME Tréfimétaux : 11 bis, rue de l'Hôtel-de-Ville, 92411 Courbevoie Cedex - 01 47 89 68 06 - www.kme-France.com
Geberit : 68, rue Henri-Poincaré 92167 Antony Cedex - 01 40 96 40 00 - www.hansgrohe-geberit.fr
Gardena : 0 826 10 14 55 - www.gardena.fr
Garantia : 45, route d'Emolsheim, 67120 Dachstein - 03 88 49 73 10 - www.graf.fr
Hansgrohe : Parc de Haute Technologie, 27 rue Georges-Besse, 92182 Antony Cedex - 01 46 11 45 00 - www.hansgrohe.fr
Écoperl : 7, rue Ernest Lefebvre, 75020 Paris - 01 56 08 22 27 - www.ecoperl.fr
Is'eau Énergie : Coudasne 86470 - 05 49 01 23 26 - www.iseauenergie.net
Plasteau : 02 33 77 18 40 - www.plasteau.com
Sotralentz : 3, rue Bettwiller F-67320 Drulengen - 03 88 01 60 00 - www.sotralentz.net
Osram : 5, rue d'Altorf, 67129 Molsheim - 03 88 49 75 99 - www.osram.fr
Xanlite : 01 34 07 14 14 - www.xanlite.com
Philips : www.homelighting.com
Minergie : www.minergie.fr
Tryba : 0 810 19 91 99 - www.tryba.com
Flir : 10, rue Guynemer, 92130 Issy-les-Moulineaux - 01 41 33 97 97 - www. flir.com
Ceder : www.ceder-provence.fr
Piveteau Bois : La Gauverie, 85140 Sainte Florence - 02 51 66 01 08 - www.piveteaubois.eu
SCB Exteriors Design : ZI 90, avenue Denis Papin, 45800 Saint-Jean-de-Braye - 02 38 60 66 25 - www.scb-exteriorsdesign.com
Géolam : 7, rue Phalsbourg 67000 Strasbourg - 0 820 95 59 55 - www.geolam.com
Eternit : 0 820 00 08 67 - www.eternit.fr
Koramic : BP 4. 25770 Franois - 03 81 48 35 00 - www.koramic.fr
La Maison Passive France : www.lamaisonpassive.fr
La Plate-Forme Passive Maison : 00 32 (0) 65 37 44 63 - www.maisonpassive.be
Isofloc : 03 88 39 10 50 - www.isofloc.fr
Trust Joist : 00 32/26 55 01 70 - www.trusjoist.com
Claytec AkTerre : 04 76 07 42 05 - www.akterre.com
Lemmens : www.lemmens.com
Rehau : 03 87 05 51 00 - www.rehau.fr
Consolar : 00 32 (0) 42 34 74 74 - www.consolar.be
Edilkamin : 00 39/02 93 76 21 - www.edilkamin.com
Schütz France : 01 69 80 50 00 - www.schuetz.net
Raico : 03 88 78 48 94 - www.raico.fr
Richard Le Droff : Supra, 22, rue du Général-Leclerc, F 76210 Obernai - 03 88 95 12 00 - www.richardledroff.com
Brisach : www.brisach.com
Leul : 05 49 66 05 87. www.leul.fr
MC France : Parc Industriel de Tabari, BP 99428, 44194 Clisson Cedex - 02 51 71 13 00 - www.mc-France.com
Juncus Agriline : ZA du Raiol et de l'Eau, 89 route de Mulhouse, 068720 Llifurth - 03 89 07 06 45 - www.juncus.fr
Velux : 1 rue Paul Cézanne, 01420 Morangie - 01 64 54 22 90 - www.velux.fr

INDEX

CRÉDITS

Couverture : photo A. Duarte - 4e de couverture : HD - BG - BD : photo A. Duarte - HG : doc. Nicoll
p. 2 photo A. Duarte - p. 4 (1) doc. Hase - p. 4 (2) doc. Godin - p. 4 (3) doc. Focus - p. 5 (4) doc. Dovre - p. 5 (5) doc. Atelier Céramique Régnier - p. 5 (6) doc. Seguin - p. 5 (7) doc. Supra - p. 6 (1) doc. Ruegg - p. 6 (2) doc. Seguin - p. 6 (3) doc Tulikivi - p. 7 (1) doc. Euro Énergies - p. 7 (2) doc. Ruegg - p. 7 (3) doc. Seguin - p. 8 (1) doc. Atlantic - p. 8 (2) doc. Ökofen - p. 8 (3) doc. Zaegel-Held - p. 9 (1) doc. Fröling - p. 9 (2) doc. De Dietrich - p. 9 (3) doc. De Dietrich - p. 10 (1 à 4) Réalisation Fumexpress. photo A. Duarte - p. 11 (5 à 13) Réalisation Fumexpress. photo A. Duarte - p. 12 (14 à 16) Réalisation Fumexpress. photo A. Duarte - p. 13 (17 à 22) Réalisation Fumexpress. photo A. Duarte - p. 14 (1) photo DR - p. 14 (2) photo DR - p. 14 (3) photo A. Duarte - p. 15 (4) doc. Brisach - p. 15 (5) doc. Richard Le Droff - p. 15 (6) doc. Richard Le Droff - p. 16 (1) doc. Aldès - p. 16 (2) doc. Aldès - p. 16 (3) doc. Aldès - p. 17 (4) doc. Aldès - p. 17 (5) doc. Atlantic - p. 17 (6) doc. Aldès - p. 18 (1) doc. Réhau - p. 18 (2) doc. Réhau - p. 19 (1 à 4) photos O. Perrot - p. 20 (5 à 12) photos O. Perrot - p. 21 (1) doc. Zibro - p. 21 (2) doc. Zibro - p. 21 (3) doc. La Tolosane - p. 22 (1) doc. Dip - p. 22 (2) doc. Sika - p. 22 (3) doc. www.forum-construire.net. Photo D. Hairon - p. 23 (4) photo A. Duarte - p. 24 (1 à 4) photos A. Duarte - p. 25 (5 à 10) photos A. Duarte - p. 26 (1) doc. Saint-Gobain Glass - p. 26 (2) doc. Saint-Gobain Glass - p. 27 (3) doc. MC France - p. 27 (4) doc. Leul - p. 28 (5) doc. Velux - p. 29 (6) doc. Velux - p. 30 (1 à 3) doc. Parexlanko - p. 31 (4 à 6) doc. Parexlanko - p. 32 (1) doc. Isover Saint-Gobain - p. 33 (2 à 3) doc. Isover Saint-Gobain - p. 34 (1 à 2) doc. Isover Saint-Gobain - p. 34 (3) doc. Parexlanko - p. 35 (4) Architecte Unit Architecten AG Semph. Doc. Lignum - p. 36 (1) Dessins D. Lechaud - p. 36 (2) photo P. Louzon - p. 37 (3) doc. SCB Exteriors Design - p. 37 (4) doc. Eternit - p. 37 (5) doc. Koramic - p. 38 (1 à 2) photo A. Duarte - p. 39 (3 à 6) photos A. Duarte - p. 40 (7 à 8) photos A. Duarte - p. 41 (9 à 11) photos A. Duarte - p. 42 (1 à 2) doc. Gébérit - p. 42 (3) doc. Hansgrohe - p. 43 (4) doc. Hansgrohe - p. 43 (5) doc. Ecoperl - p. 43 (6) doc. Ecoperl - p. 44 (1) doc. Nicoll - p. 44 (2 à 5) Dessins D. Lechaud - p. 45 (6) doc. VM Zinc - p. 46 (7) doc. Wavin - p. 46 (8) doc. VM Zinc - p. 47 (9) doc. Dal'Alu - p. 47 (10) doc. KME Tréfimétaux - p. 47 (11) Photo P. Louzon - p. 48 (1) doc. Gardena - p. 48 (2) doc. Nicoll - p. 49 (3) doc. Gardena - p. 49 (4 à 5) doc. Garantia - p. 49 (6) doc. Aqualogic - p. 50 (1) doc. Garantia - p. 50 (2) doc. Is'eau Energie - p. 50 (3) doc. Sotralentz - p. 50 (4) doc. Plasteau - p. 51 (5) doc. Garantia - p. 51 (6) doc. Juncus Agriline - p. 52 (1 à 3) Photos A. Duarte - p. 53 (4) doc. Philips. Photo A. Duarte - p. 53 (5) doc. Osram. Photo A. Duarte - p. 53 (6) doc. Osram. Photo A. Duarte - p. 54 (7 à 9) doc. Osram. Photos A. Duarte - p. 54 (10) doc. Xanlite. Photo A. Duarte - p. 55 Photo A. Duarte - p. 56 (1) doc. Minergie - p. 56 (2) doc. Tryba - p. 56 (3) doc. Flir - p. 57 (1 à 3) Photos A. Duarte - p. 58 (4 à 6) Photos A. Duarte - p. 59 (7 à 9) Photos A. Duarte - p. 59 (10) doc. Flir - p. 60 (1 à 2) Photos A. Duarte - p. 61 (3 à 4) Photos A. Duarte - p. 62 (6 à 7) Photos A. Duarte -

Direction d'édition : Thierry Lamarre
Coordination : Adeline Lobut
Conception et réalisation : Catherine Levard
Correction et révision : Isabelle Misery
Conception et réalisation graphique : Either studio
Conception de la couverture : Nicolas Valoteau

Éditions Massin
Publiées par Société d'Information et de Créations - SIC
Une société de Marie Claire Album
10, bd des Frères-Voisin 92792 Issy-Les-Moulineaux CEDEX 9 - France
Tél. 01 41 46 88 88
R.C.S. Nanterre 302 114 509
SARL au capital de 3 822 000 euros

N° ISBN : 987-2-7072-0669-5
N° Éditeur : 38369
Imprimé par Graficas Estella (Espagne)
Dépôt légal : 3e trimestre 2010

www.massin.fr